普通高等教育"十二五"规划教材——物电类

国家特色专业物理学教材

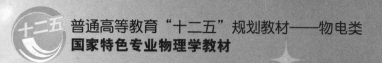

# 模拟电子技术实验指导

## MONI DIANZI JISHU SHIYAN ZHIDAO

主　编◎王新春

副主编◎岳开华　叶 青

U0206528

西南交通大学出版社

·成都·

## 内 容 简 介

本教材是国家特色专业（编号：12467）建设成果系列丛书之一。全书分为五个部分：第一部分是模拟电子技术实验的基础知识；第二部分是模拟电子技术硬件实验（24 个）；第三部分是在系统实验的基础知识；第四部分是模拟电子技术软件实验（5 个）；第五部分是研习实验小论文（5 篇）。使用者可根据专业的不同和教学时数的不同，选择和组织教学内容。

本书可作为普通高等院校理工科电类和非电类以及计算机等专业本、专科模拟电子技术的实践教材，也可以作为高职、高专相应专业的实践教材。

### 图书在版编目（C I P）数据

模拟电子技术实验指导 / 王新春主编. —成都：
西南交通大学出版社，2014.8（2016.7 重印）
普通高等教育"十二五"规划教材. 物电类
ISBN 978-7-5643-3326-3

Ⅰ.①模…  Ⅱ.①王…  Ⅲ.①模拟电路－电子技术－
高等学校－教学参考资料  Ⅳ.①TN710

中国版本图书馆 CIP 数据核字（2014）第 196602 号

普通高等教育"十二五"规划教材——物电类

国家特色专业物理学教材

#### 模拟电子技术实验指导

主编  王新春

\*

责任编辑  李芳芳
特邀编辑  田力智
封面设计  严春艳

西南交通大学出版社出版发行
四川省成都市二环路北一段 111 号西南交通大学创新大厦 21 楼
邮政编码：610031  发行部电话：028-87600564
http://www.xnjdcbs.com
四川五洲彩印有限责任公司印刷

\*

成品尺寸：185 mm×260 mm  印张：12.25
字数：306 千字
2014 年 8 月第 1 版  2016 年 7 月第 2 次印刷
ISBN 978-7-5643-3326-3
定价：27.00 元

# 序

特色专业是指充分体现学校办学定位，在教育目标、师资队伍、课程体系、教学条件和培养质量等方面，具有较高的办学水平和鲜明的办学特色，获得社会认同并有较高社会声誉的专业。特色专业是经过长期建设形成的，是学校办学优势和办学特色的集中体现。2010 年 7 月，楚雄师范学院物理学（师范类）专业被批准为第六批国家特色专业建设点。这套教材就是楚雄师范学院物理与电子科学学院在建设国家特色物理学（师范类）专业过程中的部分成果展示。

在特色专业的建设中，我们根据目前中学物理新课标及中学物理教学改革的趋势，构建课程体系和改革教学内容；整合课程内容，突出专业基本知识、基本技能以及教师职业核心能力培养；实施"5+5"课程改革计划，即"力学、热学、电磁学、光学、原子物理 5 门基础知识课程+5 个相应中学物理课程学习"，突出专业基本知识的学习，同时熟悉中学物理课程体系。在学生实践能力的培养上，我们搭建了 6 个实践平台，即实验教学"8+2"模式平台、设计性实验平台、开放实验室平台、学科竞赛（如大学生电子设计大赛、物理教学技能大赛）平台、学生社团活动、大学生创新性实验计划项目以及学生参与教师科研项目平台，为培养学生的创新精神、实践能力助力。在本套教材编写过程中，我们根据学生实际，从实验课程构架情况以及对学生要求出发，以够用、适用为准则，以培养应用型人才为导向，希望能够指导学生更好地掌握相关物理学内容。

在编写过程中，我们得到了学校各级领导和同事的大力支持，也借鉴了一些国内同行的先进经验，在此一并表示衷心感谢。

由于时间和水平有限，书中难免存在疏漏之处，恳请广大师生在使用过程中提出宝贵意见，以利将来改进。

丛书编委会

二〇一四年三月

# 前　言

　　21 世纪是信息的时代，是人才竞争的时代。为全面适应地方本科院校转为应用型的办学需要，特别是当地社会对地方本科院校应用型技术人才的急迫需求，通过"质量工程"的建设、"实践平台"的搭建，培养出具有竞争意识、创新能力的高素质应用型技术人才。为此，我们在积极探索多年"模拟电子技术"课程体系教学改革的基础上，编写了本书。本书主要用于培养学生的工程意识，提高综合运用知识的能力，启发学生的创新思想。为培养好应用型本科人才打下坚实的基础。

　　模拟电子技术实验是在国家特色专业建设项目（编号：12467）的支撑下，经作者多年的教学实践，特别是在近三年结合教学改革工程项目"电子信息教学团队"、"精品课程"的基础上，为适应当前人才培养的要求，落实教育部关于拓宽学科口径、强化实验技能和工程实践训练、提高综合素质、培养创新意识的要求而编写的。它不仅适合电子信息类各专业独立设课的电工电子技术系列实验，并且通过对实验内容的有机组合，还可以作为其他相关专业的电工、电子实验教材。本书重在实践，在保证学科系统性的基础上，从培养学生实践技能出发，结合"电工（或电路分析）"、"模拟电子技术"、"EDA 技术"等理论课程，以及"大学生电子设计竞赛"、"挑战杯"大学生课外科技作品竞赛等培训工作，精选内容，既注意与相应理论课程的结合，又具有实践课程自身的体系和特色。为了力求本教材的完整性，将实验指导书划分为五部分：第一部分为模拟电子技术实验的基础知识；第二部分为模拟电子技术硬件实验（24 个）；第三部分为在系统实验的基础知识；第四部分为模拟电子技术软件实验（5 个）；第五部分为研习实验小论文（5 个）。实际教学中，可根据学时选作其中的部分实验。

　　本书是实践课程教材，与一般的理论课教材和实验指导书不同，其主要特点有：

　　1. 课程体系新颖、内容覆盖面广。它是模拟电了技能基础和模拟电子技术实验有机结合的实践课程体系；从实验内容看，它并不是课程的简单罗列，它既包括必要的经典的内容，又反映先进电子信息最新发展的技术。

　　2. 侧重综合性、设计性实验。在选排的实验中增加了大量的设计性或综合性实验，除了满足实践课程所需，还为学有余力的学生或电子爱好者提供综合实验内容或应用设计项目，强调培养和提高学生的工程设计、实验调试及综合分析能力。

　　3. 软硬结合。在实验方法和手段上，既重视硬件搭接能力的基本训练，又融入了焊接技术实验；既重视传统的硬件调试和测试技术，又融入了 ispPAC 等仿真开发软件实验，为学生适应现代电子设计技术及后续课程的学习打下良好的基础。

　　4. 实践教学内容较为完整。每个实验都包含实验目的、实验原理、实验器材、实验内容、预习要求及思考题、实验报告等内容，不但要教会学生怎样去做，更重要的是要使学生弄懂为什么这样做，并启发学生向更深层次方面去思考。

5. 课程教学过程与考核方式使用"8+2 实验教学模式"。为了进一步提高学生的实践能力与创新能力，课程中严格按照"8+2 实验教学模式"实施教学。学生的教学过程及考核划分为三个模块，第一个模块为学生的考勤、实验预习、实验操作打分，其成绩占 40%；第二个模块为学生完成实验报告，其成绩占 40%；第三个模块为研习实验小论文或小型电子系统的设计与实现，其成绩占 20%。

6. 使用范围广。本书可作为物电类、自动化、电气工程、电子信息、计算机、科学教育、教育技术等专业学生的电子技术课程设计教材，也可作为电子设计竞赛参考书，对电子工程技术人员、电子爱好者也具有很好的参考价值。

本书由王新春教授担任主编，由岳开华副教授和叶青老师担任副主编。全书由王新春教授审阅，在编写与修订过程中，得到了司民真教授、何永泰教授、徐卫华副教授、舒鑫柱副教授、李家旺副教授、黄文卿副教授、自兴发副教授的大力支持，在此表示感谢！

由于编者水平有限，书中不妥之处在所难免，敬请读者批评指正，以利于我们不断修正。

为方便读者更好地使用本教材，我们提供了相关软件资源，请扫描下方二维码获取。

编　者
2014 年 5 月

扫一扫，获取更多资源

# 目　录

# 第一部分

## 模拟电子技术实验的基础知识

### 第一节　实验要求

（1）实验前必须充分预习，完成指定的预习任务。预习要求如下：

① 熟悉实验箱简介及相关注意事项。

② 认真阅读实验指导书，分析、掌握实验电路的工作原理，并进行必要的估算。

③ 复习与实验相关的课本内容。

④ 了解实验目的。

⑤ 了解实验中所用各仪器的使用方法及注意事项。

（2）使用仪器和实验箱前必须了解其性能、操作方法及注意事项，在使用时应严格遵守。

（3）实验时接线要认真，在仔细检查，确定无误后才能接通电源，初学或没有把握时应经指导教师检查同意后再接通电源。

（4）模拟电路实验注意：

① 在进行小信号放大实验时，由于所用信号发生器及连接线的缘故，往往在进入放大器前就出现噪声或不稳定，易受外界干扰，且我们的信号源简单，实验时可采用在放大器输入端加衰减的方法加以改进。一般可用实验箱中电阻组成衰减器，这样连接线上信号电平较高，不易受干扰。实验时可以用我们的信号源，但定量分析实验时，特别是测量频率特性实验时，由于要求很高的上限频率，为了使实验效果更好，建议使用外置信号源做实验。

② 三极管 $h_{FE}$ 与 $h_{fe}$ 是不同物理意义量，只有在信号很小，理论上三极管工作近似在线性状态时才认为近似相等，实际上万用表所测出的直流放大倍数 $h_{FE}$ 与交流放大倍数 $h_{fe}$ 是不相同的。

③ 在做实验内容时，所有信号都是定量分析，为了克服干扰，相应提高输入信号，在做

实验时发现信号输入不当时自己应适当调节，直到满足实验要求为止。

④ 由于各个三极管参数的分散特性，定量分析时同一实验电路用到不同的三极管时可能所测的数据不一致，实验结果不一致，甚至出现自激等情况，使实验电路做不出实验的现象，这时需要自己适当地调节电路参数。另外，在搭建电路时连线要最少，节点要最少，以防止连线干扰、产生电路自激等，从而影响实验结果。

⑤ 由于实验箱大部分是分立元件，连线时容易误操作而损坏元器件，故实验时应注意观察，若发现有破坏性异常现象（例如有元件冒烟、发烫或有异味）应立即关断电源，保持现场，报告指导教师。找到原因、排除故障，经指导教师同意再继续实验。

⑥ 实验过程中需要改接线时，应关断电源后再拆、接线。连线时在保证接触良好的前提下应尽量轻插轻拔，检查电路正确无误后方可通电实验。拆线时若遇到连线与插孔连接过紧的情况，应用手捏住连线插头的塑料线端，左右摇晃，直至连线与插孔松脱，切勿用蛮力强行拔出。

⑦ 打开电源开关时指示灯将被点亮，若指示灯异常，如不亮或闪烁，则说明电源未接入或实验电路接错致使电源短路。一旦发现指示灯闪烁应立即关断电源开关，检查实验电路，找到原因、排除故障，经指导教师同意再继续实验。

⑧ 转动电位器时，切勿用力过猛，以免造成元件损坏。切勿直接用手触摸芯片、电解电容等元件，更不可用蛮力推、拉、摇、压元器件，以免造成损坏。

⑨ 实验过程中应仔细观察实验现象，认真记录实验结果（数据、波形、现象）。所记录的实验结果经指导教师审阅签字后再拆除实验线路。

⑩ 实验结束后，必须关断电源，并将仪器、设备、工具、导线等按规定整理好。

⑪ 实验后每个同学必须按要求独立完成老师要求完成的实验报告。

# 第二节　实验箱简介

本实验箱主要由分立元件组成，通过连线的方式来组成电路，可完成高等院校模拟电子电路教学的所有内容；并配有 Lattice 公司推出的可编程模拟器件，为高校师生提供了一个在系统可编程模拟器件的实验平台。

该实验箱主要包括以下模块：稳压源系列部分，晶闸管整流电路部分，可编程模拟器件下载接口电路部分，电源部分，信号源部分，运放系列部分，功率放大部分，A/D 转换部分，D/A 转换部分，模拟可编程器件 ispPAC10、ispPAC20、 ispPAC80 部分，电位器部分，晶体管系列部分，差动放大部分，恒温控制部分。各部分的具体分布参考图 1。实验箱都是分立元件，实验电路虽然连接非常灵活，可以自由搭建电路，但连线时存在有误操作损坏元器件的可能，故参考实验箱元件分布图按从上到下，从左到右的顺序来介绍一下所有模块及相关注意事项。

### 1. 稳压源系列部分

（1）变压器输出：可提供交流电压 7.5 V 和 15 V 两种，AC 为公共端，请勿短接任意两端。

（2）整流二极管：四个二极管 BD1、BD2、BD3、BD4，由 4 个二极管可组成整流电路，BD1 和 BD2 连在一起，BD3 和 BD4 连在一起，可作为分立元件用于组成电路中。

（3）滤波电容：两个 1 000 μF 的电容，可单独用，主要用于滤波电路中，电容有正负极之分，接线时务必接对极性。

（4）二极管稳压电路：由一个 120 Ω/2W 的电阻和一个 9.1 V 稳压管组成。注意 120 Ω 的限流电阻是最小值，做实验时要串入适当的电阻。

（5）晶体管稳压电路：电路已接好，只需输入整流后的电压，注意极性不要接错，输出幅值可由 1 k 电位器调节。

（6）固定稳压电路：由 L7905 组成的负稳压电路，电路固定，只需输入滤波后的电压即可。由于是负稳压电路，输入注意极性，不可接反。

（7）变压器开关和指示灯：控制变压器交流输入。

（8）可调稳压电路：由 LM317 组成，电路已固定，只需输入滤波后的电压，注意极性不可接错，可由 5 k 电位器调节稳压幅值。

### 2. 晶体管整流电路部分

整个电路需要连线，注意整流后的电压输入时极性不要接错，需连线接入 100 k 的电位器、单晶管和晶闸管。

### 3. 可编程模拟器件下载接口电路部分

PC 机通过并行线连接到此 25 针接口电路，由跳线控制下载芯片，向 $V_{CC}$ 引入 + 5 V 电源给芯片供电，接入电源后指示灯亮。目前软件支持并行口下载模式，USB 接口有待升级用。

### 4. 直流信号源部分

如图 2 所示为两组直流信号源，实际上是引入电源部分的电压通过电位器分压，为实验电路提供各种直流源和可以连续调节的电压。连接方法：① IN1（IN3）输入 + 5 V，IN2（IN4）输入 – 5 V，则 OUT1（OUT2）输出提供直流电压 – 4.2 ~ + 4.2 V；② IN1（IN3）输入 + 5 V，IN2（IN4）输入地，则 OUT1（OUT2）输出提供直流电压 0.5 ~ + 4.5 V；③ IN1（IN3）输入 – 5 V，IN2（IN4）输入地，则 OUT1（OUT2）输出提供直流电压 – 4.5 ~ – 0.5 V。+ 12 V 与 – 12 V 的接法类似，实验时按实验要求调节所需直流电源。

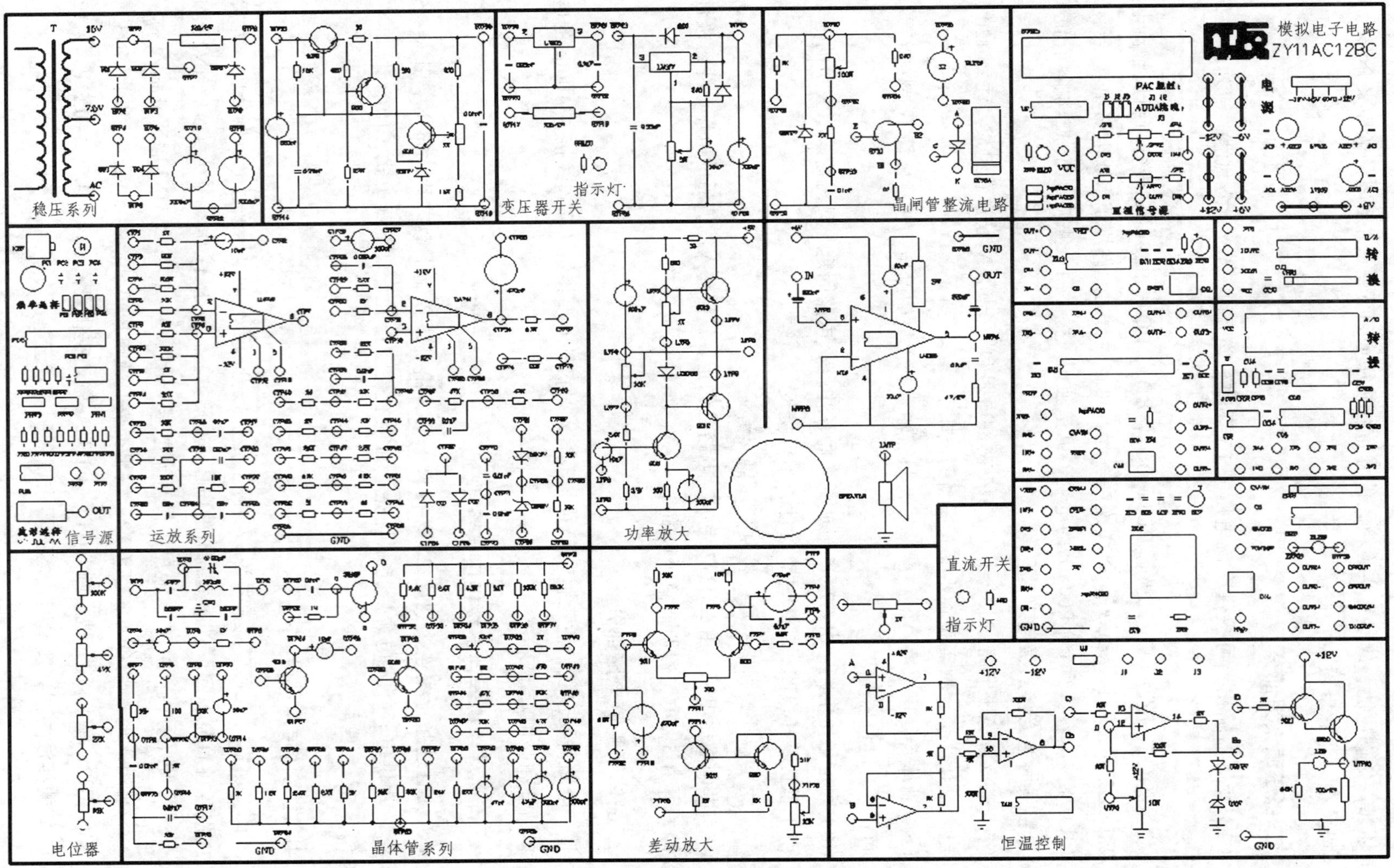

图 1　实验箱元件分布图

4

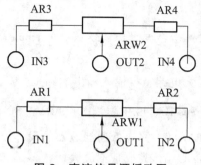

图 2　直流信号源插孔图

## 5. 电源部分

整个实验箱的供电部分,提供 ± 5 V、± 12 V、+ 9 V 电源,通过插孔连线连接到实验中。切勿将直流电源输出短接。

## 6. 信号源部分(即函数信号发生器)

此电路已完成连线,按下开关进行实验即可。作定性分析时,可用实验箱提供的信号源,作定量分析时宜用外置信号源。有时信号源没有波形,主要是频率调节与幅度调节的电位器调节不当的缘故。

## 7. 运放系列部分

此部分几乎都是分立元件,连线非常灵活,它与晶体管系列部分类似,组成电路时可用其他部分的分立元件,可完成所有运放的实验。在使用运放时要注意,不能超过其性能参数的极限值,如电源电压范围、最大输入电压范围等。为防止超过极限值或使用疏忽等原因损坏运算放大器,可以采取保护措施,如运放电源接入已固定为 ± 12 V 电压。另外,在测量共模输入电压、差模输入电压等运放性能参数时,有些运放还会出现"自锁"现象以及永久性的损坏,且共模与差模过载保护电路不同,不能同时加保护,鉴于这种情况,实验中不做相关运放性能参数的测试实验,以免烧坏芯片。另外,由于 μA741 失调电压很小,在运放的应用实验时影响不大,可以不调零,但注意调零端不可接地或接正电源,以免损坏运放。

过载保护措施如图 3 所示。

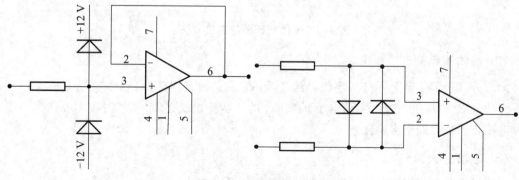

图 3　运放过载保护示意图

### 8. 功率放大部分

（1）晶体管组成功放：两个电位器需要连接，另外 LTP4、LTP5、LTP6 实际上没有连在一起，需要我们连接。

（2）集成块组成的功率放大电路：仅输入输出端和 +5 V 电源需要连接。

### 9. 模拟可编程器件 ispPAC10、ispPAC20、ispPAC80 部分

（1）模拟可编程器件 ispPAC80：完成低通滤波器的设计。

（2）模拟可编程器件 ispPAC10：完成基本放大。

（3）模拟可编程器件 ispPAC20：内含比较器。

### 10. A/D、D/A 转换部分

（1）A/D 转换部分：$V_{CC}$ 为 +5 V 电源引入端，通过 CS2 来选通道，通过 A/D 转换软件来观察转换结果。

（2）D/A 转换部分：$V_{CC}$ 为 +5 V 电源引入端，还需要连接电路把 $I_{OUT2}$、$I_{OUT1}$ 电流转换为电压，用软件实现转换，通过示波器观察结果。

### 11. 电位器部分

实验箱上有 5 个不同值的电位器，分别为 1 k、10 k、22 k、47 k、100 k，此处分布了 4 个。在所有实验中，电位器起改变阻值作用，如图 4（a）所示，连接如图 4（b）所示任何一种都可以，只要知道改变阻值情况即可，在以后实验中要连接电位器时不再说明接法。

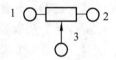

（a）电位器插孔图

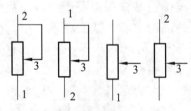

（b）电位器连接方法

图 4　电位器插孔图与连接方法

### 12. 晶体管系列部分

此部分几乎都是分立元件，连线非常灵活，它和运放系列部分类似，组成电路时可用其他部分的分立元件，可完成所有晶体管的实验。此处实验连线很多，实验过程中要认真连线，确保电路正确后再通电实验。

### 13. 差动放大部分

恒流源部分和对管部分分开来，可以做长尾式差动实验。

### 14. 恒温控制部分

此为一个综合实验部分，注意电源不要接错。

从元件分布图可知，各分立元件都以插孔方式跟其他元件相连，各模块间的分立元件都可以互相借用，故按原理图连线组成实验电路时都非常灵活，只要所选元件参数正确就行。

# 第三节  常用电子仪器的使用

在模拟电子电路实验中，经常使用的电子仪器有示波器、函数信号发生器、交流毫伏表及频率计等。它们和万用表一起，可完成对模拟电子电路的静态和动态工作情况的测试。

实验中要对各种电子仪器进行综合使用，可按照信号流向，以连线简捷、调节顺手、观察与读数方便等原则进行合理布局，各仪器与被测实验装置之间的布局与连接如图5所示。接线时应注意，为防止外界干扰，各仪器的公共接地端应连接在一起，称共地。信号源和交流毫伏表的引线通常用屏蔽线或专用电缆线，示波器接线使用专用电缆线。

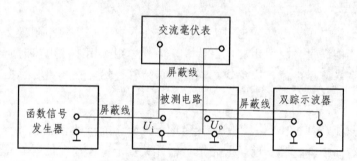

图 5   模拟电子电路中常用电子仪器布局图

### 1. 示波器

示波器的应用很广泛，它可以用来测试各种周期性变化的电信号波形，可测量电信号的幅度、频率、相位等。示波器的种类很多，在本书实验中主要使用双踪示波器，其原理和使用详细参见相关资料，现着重指出以下几点：

（1）寻找扫描光迹点。

在开机半分钟后，如仍找不到光点，可调节亮度旋钮，并按下"寻迹"板键，从中判断光点位置，然后适当调节垂直（↓↑）和水平（⇌）移位旋钮，将光点移至荧光屏的中心位置。

（2）为显示稳定的波形，需注意示波器面板上的下列几个控制开关（或旋钮）的位置。

① "扫描速率"开关（$t$/div）——它的位置应根据被观察信号的周期来确定。

② "触发源选择"开关（内、外）——通常选为内触发。

③ "内触发源选择"开关（拉 $Y_B$）——通常置于常态（推进位置）。此时对单一从 $Y_A$ 或 $Y_B$ 输入的信号均能同步，仅在需双路同时显示时，为比较两个波形的相对位置，才将其置于拉出（拉 $Y_B$）位置，此时触发信号仅取自 $Y_B$，故仅对由 $Y_B$ 输入的信号同步。

④ "触发方式"开关——通常可先置于"自动"位置，以便找到扫描线开波形，如波形稳定情况较差，再置于"高频"或"常态"位置，但必须同时调节电平旋钮，使波形稳定。

（3）示波器有五种显示方式。

属单踪显示有"Y$_A$"、"Y$_B$"、"Y$_A$+Y$_B$"；属双踪显示有"交替"与"断续"。作双踪显示时，通常采用"交替"显示方式，仅当被观察信号频率很低时（如几十赫兹以下），为在一次扫描过程中同时显示两个波形，才采用"断续"显示方式。

在测量波形的幅值时，应注意将Y轴灵敏度"微调"旋钮置于"校准"位置（顺时针旋到底）。在测量波形周期时，应将扫描速率"微调"旋钮置于"校准"位置（顺时针旋到底）。

### 2. 函数信号发生器

按需要可输出正弦波、方波、三角波三种信号波形。输出信号幅度可连续调节，幅度可以调节到毫伏级，输出信号频率可进行调节，频率范围较广，上限频率可达14 MHz以上。函数信号发生器作为信号源使用时输出端不允许短路。由于模电实验是对低频小信号进行研究，信号源最好用音频信号源，实验箱自带的简易信号源精度有限，在做实验时最好自备信号源。以后做实验时只说明输入信号，不再说明如何调节，相关信号发生器的调节参看相关信号源操作手册。

### 3. 数字万用表

可测量直流交流电压、电流、电阻等，读数方便。由于本实验箱测量交流电压时，一般万用表频率规格不能满足，故要用交流毫伏表。另外，用万用表测电流时应先估计电流的最大值，调节最大挡来测量电流，以免烧坏表内的保险管，然后在测量时逐挡减少量程。

### 4. 交流毫伏表

交流毫伏表只能在其工作频率范围内，测量正弦交流电压的有效值。

为了防止过载而损坏，测量前一般先把量程开关置于量程较大位置处，然后在测量时逐挡减少量程。交流毫伏表接通电源后，将输入端短接，进行调零，然后断开短路线，即可进行测量。

本实验箱的工作频率不高，故任何毫伏表都可选用。

# 第四节　万用表测定二极管和三极管的方法

## 一、万用表粗测晶体管

万用表测晶体管时，应置于电阻挡，当万用表置于$R \times 1$、$R \times 100$、$R \times 1$ k挡时，表内电压源为1.5 V。

### 1. 测晶体二极管

万用表置$R \times 1$k挡，两表笔分别接二极管的两极，若测得的电阻较小（硅管数千欧，锗管数百欧），说明二极管的 PN 结处于正向偏置，则黑表笔接的是正极，红表笔接的是负极。反之，二极管处于反向偏置时呈现的电阻较大（硅管约数百千欧以上，锗管约数百千欧），则红表笔接的是正极，黑表笔接的是负极。

若正反向电阻均为无穷大或均为零或比较接近，说明二极管内部开路或短路或性能变差。稳压二极管与变容二极管的 PN 结都具有正向电阻小反向电阻大的特点，其测量方法与普通二极管相同。

由于发光二极管不发光时，其正反向电阻均较大，因此一般用万用表的 $R \times 10\,\text{k}$ 挡测量，其测量方法与普通二极管相同。或者用另一种办法，即：将发光二极管与一数百欧（如 330 Ω）电阻串联，然后加 3 ~ 5 V 的直流电压，若发光二极管亮，说明二极管正向导通，则与电源正端相接的为正极，与负端相接的为负极。如果二极管反接，则该二极管不亮。

红外发射二极管，红外接收二极管均可用 $R \times 10\,\text{k}$ 挡测量其正负极，方法同测普通二极管相同。

### 2. 测晶体三极管

利用万用表可以判别三极管的类型和极性，其步骤如下：

① 判别基极 B 和管型时万用表置 $R \times 1\,\text{k}$ 挡，先将红表笔接某一假定基极 B，黑表笔分别接另两个极，如果电阻均很小（或很大），而将红黑两表笔对换后测得的电阻都很大（或很小），则假定的基极是正确的。基极确定后，红笔接基极，黑笔分别接另两极时测得的电阻均很小，则此管为 PNP 型三极管，反之为 NPN 型。

② 判别发射极 E 和集电极 C。若被测管为 PNP 三极管，假定红笔接的是 C 极，黑笔接的是 E 极。用手指捏住 B、C 两极（或 B、C 间串接一个 100 kΩ 电阻），但不要使 B、C 直接接触。若测得电阻较小（即 $I_c$ 小），则红笔接的是集电极 C，黑笔接的是发射极 E。如果两次测得的电阻相差不大，说明管子的性能较差。按照同样方法可以判别 NPN 型三极管的极性。

③ 我们用到的 9011 和 9013 系列为 NPN 管，9012 系列为 PNP 管，它们管脚向下，平面面向我们的管脚按顺时针的顺序为 E，B，C。

## 二、晶体管的主要参数及其测试

### 1. 晶体三极管的主要参数

直流放大系数 $\bar{\beta}$：集电极直流 $I_{CQ}$ 与基极直流电流 $I_{BQ}$ 之比，即 $\bar{\beta} = I_{CQ}/I_{BQ}$。交流放大系数 $\beta\,(h_{\text{fe}})$：三极管在有信号输入时，集电极电流的变化量 $\Delta I_C$ 与基极电流的变化量 $\Delta I_B$ 之比，即 $\beta = \Delta I_C / \Delta I_B$。穿透电流 $I_{CEO}$：基极开路，C、E 间加反向电压时的集电极电流。反向击穿电压 $U_{CEO}$：基极开路，C、E 间的反向击穿电压。直流输入电阻 $R_{BE} = U_{BEQ}/I_{BQ}$。交流输入电阻 $r_{\text{be}}$，$r_{\text{be}} = \Delta U_{BE} / \Delta I_B$（$U_{BEQ}$ 为定值）。

### 2. 场效管的主要参数

饱和漏电流 $I_{DDS}$ 漏源电压 $U_{DS}$ 一定（10 V），当栅源电压 $U_{GS} = 0$ 时的漏极电流 $I_D$，即 $I_D = I_{DSS}$。夹断电压 $U_P$、$U_{DS}$ 一定（10 V），改变 $U_{GS}$，使 $I_D$ 等于一个微小电流（50 μA），这时的 $U_{GS} = U_P$。低频跨导 $g_m$ 表征场效应管放大能力的重要参数，即

$$g_m = \Delta I_{DS} / \Delta U_{GS} \ (U_{DS} = 10 \text{ V})$$

3DJ6F 的管脚面向自己，从标志点顺时针数起为 S，D，G。

### 3．$\beta$ 与 $\overline{\beta}$ 值的测试

$\beta$ 与 $\overline{\beta}$ 的物理意义和求法都是不同的量，如果万用表有测 $h_{FE}$ 功能的可直接测出 $\overline{\beta}$，否则我们采用基本共射放大电路来测 $\beta$ 与 $\overline{\beta}$ 值，电路图如图 6 所示。

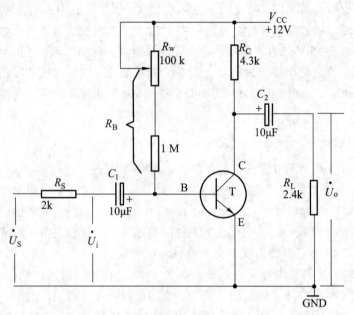

**图 6　基本共射放大电路**

用万用电表表笔接在 $U_{CE}$ 两端，调电位器 $R_W$，使 $U_{CE} \approx 5 \text{ V}$，作为工作点 $U_{CEQ}$ 之值。把万用电表改接在 $U_{BE}$ 两端，测量 $U_{BEQ}$ 值。将测量结果 $R_B$、$U_{CEQ}$、$U_{BEQ}$ 及 $V_{CC}$ 按下列公式计算出 $\overline{\beta}$：

$$U_{CEQ} = V_{CC} - I_{CQ} \cdot R_C$$

$$I_{CQ} = \frac{V_{CC} - U_{CEQ}}{R_C}$$

$$I_{BQ} = \frac{V_{CC} - U_{BEQ}}{R_B}$$

$$\overline{\beta} = \frac{I_{CQ}}{I_{BQ}}$$

多测几次取平均值作为 $\overline{\beta}$ 结果，不同 $\overline{\beta}$ 的三极管重新调节 $R_W$，重复上述步骤即可，实际上上述方法就是万用表测量 $h_{FE}$ 的方法。

在上面所调静态工作点情况下，输入一个 1 kHz 的小信号经放大后不失真的情况下测出放大倍数，然后用下列公式推出 $\beta$ 的值：

$$\dot{A}_u = \frac{\dot{U}_o}{\dot{U}_i} = -\beta \frac{R_C /\!/ R_L}{r_{be}}$$

$$r_{be} = 300 + (1+\beta)\frac{26\,\mathrm{mV}}{I_{EQ}}$$

多测几次取平均值作为 $\beta$ 结果。

万用表的其他用法参考万用表使用说明书。

# 第五节　放大器干扰、噪声抑制和自激振荡的消除

放大器的调试一般包括调整和测量静态工作点，调整和测量放大器的性能指标：放大倍数、输入电阻、输出电阻和通频带等。由于放大电路是一种弱电系统，具有很高的灵敏度，因此很容易受外界和内部一些无规则信号的影响。也就是在放大器的输入端短路时，输出端仍有杂乱无规则的电压输出，这就是放大器的噪声和干扰电压。另外，由于安装、布线不合理，负反馈太深以及各级放大器共用一个直流电源造成级间耦合等，也能使放大器在没有输入信号时，也有一定幅度和频率的电压输出。噪声、干扰和自激振荡的存在妨碍了对有用信号的观察和测量，严重时放大器将不能正常工作。所以必须抑制干扰、噪声和消除自激振荡，才能进行正常的调试和测量。

### 1. 干扰和噪声的抑制

把放大器输入短路，在放大器输出端可测量到一定的噪声和干扰电压。其频率如果是 50 Hz（或 100 Hz），一般称为 50 Hz 交流声，有时是非周期性的，没有一定规律。50 Hz 交流声大都来自电源变压器或交流电源线，100 Hz 交流声往往是由于整流滤波不良所造成的。另外，由电路周围的电磁波干扰信号引起的干扰电压也是常见的。由于放大器的放大倍数很高（特别是多级放大器），只要在它的前级引进一点微弱的干扰，经过几级放大，在输出端产生一个很大的干扰电压。电路中的地线接得不合理，也会引起干扰。

实验箱的结构由于是分立元件连线方式，容易受外界干扰，比如电源接入干扰信号、连线不合理、接地点不合理等。这样在做实验调试的过程中要求我们抑制干扰和噪声，采取一定的措施：

（1）搭建电路时连线要求合理，尽量用最少的线连接好电路，输入回路的导线和输出回路、电源的导线要分开，不要平行或捆扎在一起，以免相互感应。

（2）电源串入时可以适当加滤波电路。

（3）选择合理的接地点，尽量把地接在实验箱的插孔与测试钩上，不要把地引出外接而引入干扰。

### 2. 自激振荡的消除

检查放大器是否发生自激振荡，可以把输入端短路，用示波器（或毫伏表）接在放大器的输出端进行观察。自激振荡的频率一般为比较高的或极低的数值，而且频率随着放大器元件参数不同而改变（甚至拨动一下放大器连接导线的位置，频率也会改变）。高频振荡主要是由于连线不合理引起的。例如由于输入和输出线靠得太近，产生正反馈作用。对此要求连线尽量少、接线尽量短等。也可以用一个小电容（如 1 000 pF 左右）一端接地，另一端逐级接触管子的输入端，或电路中合适部件，找到抑制振荡的最灵敏的一点（即电容接此点时，自激振荡消失），在此处外接一个合适的电阻电容或单一电容（一般 100 pF ~ 0.1 μF，由试验决定），进行高频滤波或负反馈，以压低放大电路对高频信号的放大倍数或移动高频电压的相位，从而抑制高频振荡。一般放大电路在晶体管的基极与集电极接这种校正电路。

低频振荡是由于各级放大电路共用一个直流电源所引起的。最常用的消除办法是在放大电路各级之间加上"去耦电路" $R$ 和 $C$。

电路可靠性和稳定性一直以来是一个很系统和复杂的问题，有兴趣的同学可查相关资料深入学习。

实验箱整个结构以分立元件为基础，这种搭建电路方式易受干扰与自激，但这也是实际设计电路时常常面临的问题，也是我们学习更多知识的最好平台。在做实验时可能碰到许多异常问题，这需要我们在做实验时不仅要学会动手，学会扎实的理论知识，同时，也要学会用理论知识解决这些实际问题的能力，从而得到更多的理论知识与实际经验。希望通过本实验箱实验内容的学习，能逐步提高实际动手能力与工程设计能力。

# 第二部分

## 模拟电子电路硬件实验

## 实验一　信号源的调试

### 一、实验目的

（1）了解单片多功能集成电路函数信号发生器的功能及特点。

（2）会用示波器测量波形的各种参数。

（3）掌握正弦波失真调节、频率调节和幅度调节的方法。

### 二、实验仪器

（1）双踪示波器；

（2）频率计。

### 三、实验原理

（1）MAX038 是单片精密函数信号发生器（内部结构见图 1.2）。芯片使用 ±5 V 电源工作，振荡器是一个交变地以恒流向电容器充放电的施张振荡器，同时产生一个三角波和矩形波。通过 COSC 引脚的外接电容和流入 IIN 的充放电电流的大小来控制输出信号频率，频率范围为 0.1 Hz ~ 20 MHz。流入 IIN 的电流由加到 FADJ 和 DADJ 引脚上的电压来控制，通过此两脚可外接电压信号调整频率和占空比。MAX038 内部提供一个 2.5 V 的参考电压。芯片具有的正弦波形成电路是把振荡器的三角波转变成一个具有等幅的低失真的正弦波。三角波、正弦波和矩形波输入一个多路器。用两根地址线 A0 和 A1 从三个中选择波形，OUT 引脚输出幅度为 2 V（峰峰值）的信号。三角波又被送到产生高速矩形波的比较器（由 SYNC 引脚输出），TTL/CMOS 兼容的 SYNC 输出端可以保持内部振荡器的占空比为 50%——无论外界信号的占空比是多少——而且可以保持与系统内其他设备的同步。内部振荡器可以与接入到 PDI 的外部 TTL 模块同步。PD0、PD1 引脚分别是相位检波器的输入和输出端，本信号源没有使用。

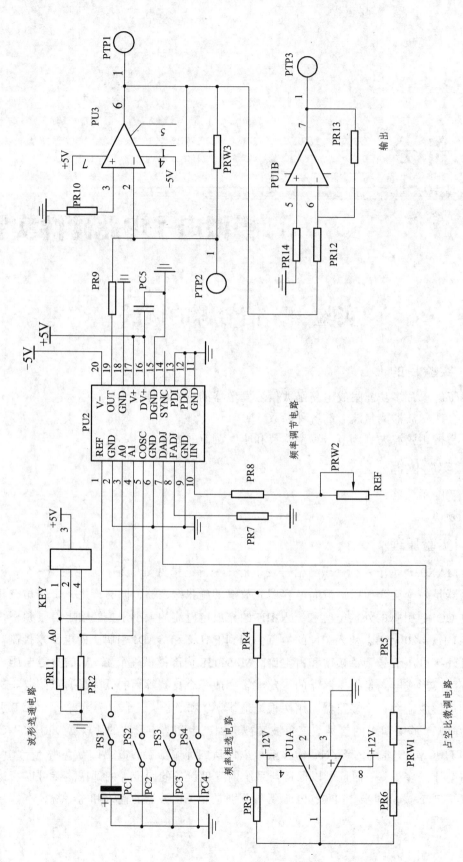

图 1.1　信号源电路原理图

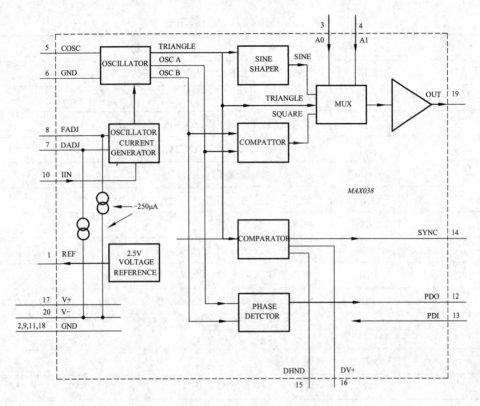

图 1.2　MAX038 的内部结构

正弦波、三角波、方波的输出选择可以通过 A0 和 A1 控制，具体参考表 1.1。实验中用"波形选择"开关选择需要波形。

表 1.1　波形选择设置

| A0 | A1 | 波形 |
|---|---|---|
| × | 1 | 正弦波 |
| 0 | 0 | 方波 |
| 1 | 0 | 三角波 |

（2）MAX038 的管脚图及管脚功能，分别如图 1.3 和表 1.2 所示。

图 1.3　MAX038 的管脚图

表 1.2　MAX038 的引脚功能

| 引　脚 | 名　称 | 功　能 |
|---|---|---|
| 1 | REF | 2.50 V 的门限参考电压 |
| 2，6，9，11，18 | GND | 地 |
| 3 | A0 | 波形选择输入端（TTL/CMOS 兼容） |
| 4 | A1 | 波形选择输入端（TTL/CMOS 兼容） |
| 5 | COSC | 外界振荡电容端 |
| 7 | DADJ | 占空比调节端 |
| 8 | FADJ | 频率调节端 |
| 10 | IIN | 振荡频率控制器的电流输入端 |
| 12 | PDO | 相位比较器输出端（如果不用，应接地） |
| 13 | PDI | 相位比较器输入端（如果不用，应接地） |
| 14 | SYNC | 同步输出端（TTL/CMOS 兼容输出，允许内部和外部振荡器同步。如果不用，应悬空） |
| 15 | DGND | 数字接地 |
| 16 | DV+ | 数字电压 $V_+$ +5 V 电源端，如果没有用到 SYNC 应悬空 |
| 17 | V+ | +5 V 电源输入端 |
| 19 | OUT | 正弦波，三角波，方波输出端 |
| 20 | V− | −5 V 电源输入端 |

## 四、实验内容

在实验前熟悉实验箱分布结构。此实验可用作后续实验的信号源，OUT 为低频信号（小于 1 MHz）输出，PTP1 为实验用高频信号输出端（大于 1 MHz，即选择 PS4），PTP1 和 PTP2 可用作扩展外接电容，以使输出波形达到理想效果。

### 1. 开通电源

参考实验电路原理图 1.1，对照实验箱集成函数信号发生器实际电路部分，打开直流开关通电，按下开关，指示灯亮即可。

### 2. 测试信号源的输出范围

连接好跳线 PS2（PS1、PS3、PS4 断开），拨动"波形选择"开关选择输出为方波，调节电位器 PRW1，测出方波的占空比（单位周期内高电平所占整个周期的比例）范围情况，调节电位器 PRW2，用示波器测出方波的频率（示波器在扫描速率为 1 ms 挡的情况下，一个周期的方波占一个格子为 1 kHz，也可用频率计直接测出）范围；调节电位器 PRW3，测出方波的幅值（峰-峰值）范围情况，并都列表记录之。

### 3. 调节观察波形

连接好跳线 PS2（PS1、PS3、PS4 断开），拨动"波形选择"开关选择输出为方波，调节电位器 PRW1，使方波的占空比为 50%；调节电位器 PRW2，使方波的频率为 1 kHz；调节电位器 PRW3，使方波的幅值为 5 V（峰-峰值）。选择输出为三角波，用示波器观察 OUT 为三角波波形，调节电位器 PRW1，测出三角波的频率范围情况，调节电位器 PRW3，测出三角波的幅值（峰-峰值）范围情况，并都列表记录之。另外，调节电位器 PRW1，观察三角波变为锯齿波（占空比不为 50%）的情况。

### 4. 调节正弦波波形

按步骤 2、3，使方波的占空比为 50%；方波的频率为 1 kHz；调节电位器 PRW3，使方波的幅值为 5 V（峰-峰值），拨动"波形选择"开关选择输出为正弦波，用示波器观察 OUT 输出的正弦波波形，调节电位器 PRW1，测出正弦波的频率范围情况，调节电位器 PRW3，测出正弦波的幅值（峰-峰值）范围情况，并都列表记录之。

在断开电源情况下，分别取 PS1、PS3、PS4 连接，重复上述步骤。注意每次跳线只允许连接 1 个。

说明：PS1、PS2、PS3、PS4 相对应的电容值越小，输出频率越大，且不同的电容所对的频率段不同，每个频率段所包括的频率范围不同，故以上步骤可粗略测出频率范围，电位器 PRW2 用作频率细调。

占空比、幅度要保证波形不是很明显失真，且在有效范围内。用 PS4 选择高频段，易用 PTP2 作输出，调节 PRW3 可观察幅度对输出波形的影响。PTP1、PTP3 插孔之间可引入电容，根据需要并入电容改变可使波形平滑，减小失真。有兴趣的同学可在输出接入实验箱中电阻或并入电容接地，观察输出波形。（减小波形失真和滤波电路可参考后续实验内容）

注：① 此实验是为了让学生了解波形相关参数及熟悉调节方法，此信号源可作为定性分析实验的信号源用，但做实验时可采用外置信号源。

② 通电规则：先连接好实验电路后，再加电源，在改接电路时要先断开电源再接线，然后加电，在做完每个小实验后应先关电源撤掉连线，然后整理好连线。

③ 一般实验内容之后都附有实验箱的相关元件分布图，在未做实验前学生可很好地对照实验内容预习。

电源模块元件分布图和信号源模块元件分布图分别如图 1.4 和图 1.5 所示。

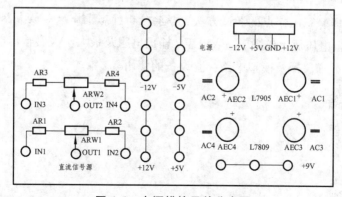

**图 1.4 电源模块元件分布图**

17

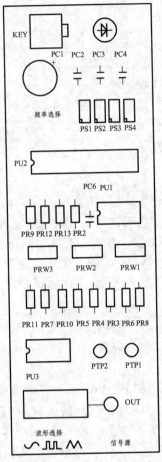

图 1.5 信号源模块元件分布图

# 实验二　晶体管共射极单管放大器

## 一、实验目的

（1）掌握放大器静态工作点的调试方法，学会分析静态工作点对放大器性能的影响。

（2）掌握放大器电压放大倍数、输入电阻、输出电阻及最大不失真输出电压的测试方法。

（3）熟悉常用电子仪器及模拟电路实验设备的使用。

## 二、实验仪器

（1）双踪示波器；

（2）万用表；

（3）交流毫伏表；

（4）信号发生器。

## 三、实验原理

### （一）放大器静态指标的测试

图 2.1 所示为电阻分压式工作点稳定单管放大器实验电路图。它的偏置电路采用 $R_{B2}$ 和 $R_{B1}$ 组成的分压电路，并在发射极中接有电阻 $R_E$，以稳定放大器的静态工作点。当在放大器的输入端加入输入信号 $U_i$ 后，在放大器的输出端便可得到一个与 $U_i$ 相位相反、幅值被放大了的输出信号 $U_o$，从而实现了电压放大。

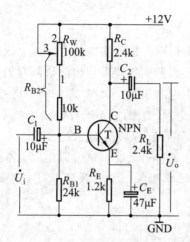

**图 2.1 共射极单管放大器实验电路**

在图 2.1 电路中，当流过偏置电阻 $R_{B1}$ 和 $R_{B2}$ 的电流远大于晶体管 T 的基极电流 $I_B$ 时（一般 5～10 倍），则它的静态工作点可用下式估算，$V_{CC}$ 为供电电源，此为 + 12 V。

$$U_B \approx \frac{R_{B1}}{R_{B1}+R_{B2}}V_{CC} \tag{2.1}$$

$$I_E = \frac{U_B - U_{BE}}{R_E} \approx I_C \tag{2.2}$$

$$U_{CE} = V_{CC} - I_C(R_C + R_E) \tag{2.3}$$

电压放大倍数

$$A_u = -\beta \frac{R_C /\!/ R_L}{r_{be}} \tag{2.4}$$

输入电阻　　$R_i = R_{B1} /\!/ R_{B2} /\!/ r_{be}$ $\tag{2.5}$

输出电阻　　$R_o \approx R_C$ $\tag{2.6}$

## ※放大器静态工作点的测量与调试

### 1. 静态工作点的测量

测量放大器的静态工作点，应在输入信号 $U_i = 0$ 的情况下进行，即将放大器输入端与地端短接，然后选用量程合适的数字万用表，分别测量晶体管的集电极电流 $I_C$ 以及各电极对地的电位 $U_B$、$U_C$ 和 $U_E$。一般实验中，为了避免断开集电极，所以采用测量电压，然后算出 $I_C$ 的方法，例如，只要测出 $U_E$，即可用 $I_C \approx I_E = \dfrac{U_E}{R_E}$ 算出 $I_C$（也可根据 $I_C = \dfrac{V_{CC} - U_C}{R_C}$，由 $U_C$ 确定 $I_C$），同时也能算出。

### 2. 静态工作点的调试

放大器静态工作点的调试是指对三极管集电极电流 $I_C$（或 $U_{CE}$）调整与测试。

静态工作点是否合适，对放大器的性能和输出波形都有很大的影响。如工作点偏高，放大器在加入交流信号以后易产生饱和失真，此时 $U_o$ 的负半周将被削底，如图 2.2（a）所示，如工作点偏低则易产生截止失真，即 $U_o$ 的正半周被缩顶（一般截止失真不如饱和失真明显），如图 2.2（b）所示。这些情况都不符合不失真放大的要求。

所以在选定工作点以后还必须进行动态调试，即在放大器的输入端加入一定的 $U_i$，检查输出电压 $U_o$ 的大小和波形是否满足要求。如不满足，则应调节静态工作点的位置。

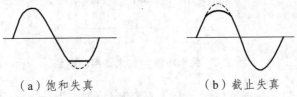

（a）饱和失真　　　　　　　　（b）截止失真

**图 2.2　静态工作点对 $U_o$ 波形失真的影响**

改变电路参数 $U_{CC}$，$R_C$，$R_B$（$R_{B1}$，$R_{B2}$）都会引起静态工作点的变化，如图 2.3 所示，但通常多采用调节偏电阻 $R_{B2}$ 的方法来改变静态工作点，如减小 $R_{B2}$，则可使静态工作点提高等。

最后还要说明的是，上面所说的工作点"偏高"或"偏低"不是绝对的，应该是相对信号的幅度而言，如信号幅度很小，即使工作点较高或较低也不一定会出现失真。所以确切地说，产生波形失真是信号幅度与静态工作点设置配合不当所致。如需满足较大信号的要求，静态工作点最好尽量靠近交流负载线的中点。

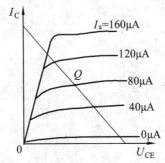

**图 2.3　电路参数对静态工作点的影响**

## （二）放大器动态指标测试

放大器动态指标测试包括电压放大倍数、输入电阻、输出电阻、最大不失真输出电压（动态范围）和通频带等。

### 1. 电压放大倍数 $A_u$ 的测量

调整放大器到合适的静态工作点，然后加入输入电压 $u_i$，在输出电压 $u_o$ 不失真的情况下，用交流毫伏表测出 $u_i$ 和 $u_o$ 的有效值 $U_i$ 和 $U_o$，则

$$A_u = \frac{U_o}{U_i}$$ （2.7）

### 2. 输入电阻 $R_i$ 的测量

为了测量放大器的输入电阻，按图 2.4 电路在被测放大器的输入端与信号源之间串入一已知电阻 $R$，在放大器正常工作的情况下，用交流毫伏表测出 $U_S$ 和 $U_i$，则根据输入电阻的定义可得

$$R_i = \frac{U_i}{I_i} = \frac{U_i}{\dfrac{U_R}{R}} = \frac{U_i}{U_S - U_i} R$$ （2.8）

测量时应注意：

① 测量 $R$ 两端电压 $U_R$ 时必须分别测出 $U_S$ 和 $U_i$，然后按 $U_R = U_S - U_i$ 求出 $U_R$ 值。

② 电阻 $R$ 的值不宜取得过大或过小，以免产生较大的测量误差，通常取 $R$ 与 $R_i$ 为同一数量级为好，本实验可取 $R = 1 \sim 2\ \text{k}\Omega$。

### 3. 输出电阻 $R_o$ 的测量

按图 2.4 电路，在放大器正常工作条件下，测出输出端不接负载 $R_L$ 的输出电压 $U_o$ 和接入负载后输出电压 $U_L$，根据

$$U_L = \frac{R_L}{R_o + R_L} U_o$$ （2.9）

即可求出 $R_o$：

$$R_o = \left( \frac{U_o}{U_L} - 1 \right) R_L$$ （2.10）

在测试中应注意，必须保持 $R_L$ 接入前后输入信号的大小不变。

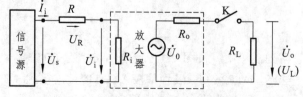

**图 2.4　输入、输出电阻测量电路**

21

### 4. 最大不失真输出电压 $U_{OPP}$ 的测量（最大动态范围）

如上所述，为了得到最大动态范围，应将静态工作点调在交流负载线的中点。为此在放大器正常工作情况下，逐步增大输入信号的幅度，并同时调节 $R_W$（改变静态工作点），用示波器观察 $u_o$，当输出波形同时出现削底和缩顶现象（见图 2.5）时，说明静态工作点已调在交流负载线的中点。然后反复调整输入信号，使波形输出幅度最大，且无明显失真时，用交流毫伏表测出 $U_o$（有效值），则动态范围等于 $2\sqrt{2}\,U_o$。或用示波器直接读出 $U_{OPP}$ 来。

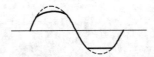

**图 2.5　静态工作点正常，输入信号太大引起的失真**

### 5. 放大器频率特性的测量

放大器的频率特性是指放大器的电压放大倍数 $A_u$ 与输入信号频率 $f$ 之间的关系曲线。单管阻容耦合放大电路的幅频特性曲线如图 2.6 所示。

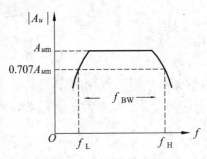

**图 2.6　幅频特性曲线**

$A_{um}$ 为中频电压放大倍数，通常规定电压放大倍数随频率变化下降到中频放大倍数的 $1/\sqrt{2}$ 倍，即 $0.707A_{um}$ 所对应的频率分别称为下限频率 $f_L$ 和上限频率 $f_H$，则通频带为

$$f_{BW} = f_H - f_L \tag{2.11}$$

放大器的幅频特性就是测量不同频率信号时的电压放大倍数 $A_u$。为此可采用前述测 $A_u$ 的方法，每改变一个信号频率，测量其相应的电压放大倍数，测量时要注意取点要恰当，在低频段与高频段要多测几点，在中频可以少测几点。此外，在改变频率时，要保持输入信号的幅度不变，且输出波形不能失真。

## 四、实验内容

### 1. 连　线

在实验箱的晶体管系列模块中，按图 2.1 所示连接电路：DTP5 作为信号 $U_i$ 的输入端，DTP4（电容的正极）连接到 DTP26（三极管基极），DTP26 连接到 DTP57，DTP63 连接到 DTP64（或任何 GND），DTP26 连接到 DTP47（或任何 10 k 电阻），再由 DTP48 连接到 100 k

电位器（$R_W$）的"1"端，"2"端和"3"端相连连接到 DTP31，DTP27（三极管射极）连接到 DTP51，DTP27 连接到 DTP59（或 DTP60），DTP24 连接到 DTP32（或 DTP33），DTP25 先不接开路，最后把电源部分的 +12 V 连接到 DTP31。

**注**：后续实验电路的组成都是这样按指导书提供的原理图在实验箱相应模块中进行连线，把分立元件组合在一起构成实验电路，以后连接实验图都是如此，不再详细说明。

### 2. 测量静态工作点

静态工作点测量条件：输入接地即使 $U_i = 0$。

在步骤 1 连线的基础上，DTP5 接地（即 $U_i = 0$），打开直流开关，调节 $R_W$，使 $I_C = 2.0$ mA（即 $U_E = 2.4$ V），用万用表测量 $U_B$、$U_E$、$U_C$、$R_{B2}$ 值。记入表 2.1 中。

表 2.1　$I_C = 2.0$ mA

| 测 量 值 | | | | 计 算 值 | | |
|---|---|---|---|---|---|---|
| $U_B$/V | $U_E$/V | $U_C$/V | $R_{B2}$/kΩ | $U_{BE}$/V | $U_{CE}$/V | $I_C$/mA |
| | | | | | | |

### 3. 测量电压放大倍数

调节一个频率为 1 kHz、峰-峰值为 50 mV 的正弦波作为输入信号 $U_i$。断开 DTP5 接地的线，把输入信号连接到 DTP5，同时用双踪示波器观察放大器输入电压 $U_i$（DTP5 处）和输出电压 $U_o$（DTP25 处）的波形，在 $U_o$ 波形不失真的条件下用毫伏表测量下述三种情况下：① 不变实验电路时；② 把 DTP32 和 DTP33 用连接线相连时；③ 断开 DTP32 和 DTP33 连接线，DTP25 连接到 DTP52 时的 $U_o$ 值（DTP25 处），并用双踪示波器观察 $U_o$ 和 $U_i$ 的相位关系，记入表 2.2 中。

表 2.2　$I_C = 2.0$ mA，$U_i =$ 　　 mV（有效值）

| $R_C$/kΩ | $R_L$/kΩ | $U_o$/V | $A_u$ | 观察记录一组 $U_o$ 和 $U_i$ 波形 |
|---|---|---|---|---|
| 2.4 | ∞ | | | |
| 1.2 | ∞ | | | |
| 2.4 | 2.4 | | | |

**注意**：由于晶体管元件参数的分散性，定量分析时所给 $U_i$ 为 50 mV 不一定适合，具体情况需要根据实际给适当的 $U_i$ 值，以后不再说明。由于 $U_o$ 所测的值为有效值，故峰-峰值 $U_i$ 需要转化为有效值或用毫伏表测得的 $U_i$ 来计算 $A_u$ 值。切记万用表、毫伏表测量都是有效值，而示波器观察的都是峰峰值。

### 4. 观察静态工作点对电压放大倍数的影响

在步骤 3 的 $R_C = 2.4$ kΩ，$R_L = ∞$ 连线条件下，调节一个频率为 1 kHz、峰-峰值为 50 mV 的正弦波作为输入信号 $U_i$ 连到 DTP5。调节 $R_W$，用示波器监视输出电压波形，在 $u_o$ 不失真的条件下，测量数组 $I_C$ 和 $U_o$ 的值，记入表 2.3 中。测量 $I_C$ 时，要使 $U_i = 0$（断开输入信号 $U_i$，DTP5 接地）。

表 2.3　$R_C = 2.4\ \text{k}\Omega$，$R_L = \infty$　，$U_i =$　　mV（有效值）

| $I_C$/mA | | | 2.0 | |
|---|---|---|---|---|
| $U_o$/V | | | | |
| $A_u$ | | | | |

### 5. 观察静态工作点对输出波形失真的影响

在步骤 3 的 $R_C = 2.4\ \text{k}\Omega$、$R_L = \infty$ 连线条件下，使 $u_i = 0$，调节 $R_W$ 使 $I_C = 2.0\ \text{mA}$（参见实验内容步骤 2），测出 $U_{CE}$ 值。调节一个频率为 1 kHz、峰-峰值为 50 mV 的正弦波作为输入信号 $U_i$ 连到 DTP5，再逐步加大输入信号，使输出电压 $U_o$ 足够大但不失真。然后保持输入信号不变，分别增大和减小 $R_W$，使波形出现失真，绘出 $U_o$ 的波形，并测出失真情况下的 $I_C$ 和 $U_{CE}$ 值，记入表 2.4 中。每次测 $I_C$ 和 $U_{CE}$ 值时要使输入信号为零（即使 $u_i = 0$）。

表 2.4　$R_C = 2.4\ \text{k}\Omega$，$R_L = \infty$，$U_i =$　　mV

| $I_C$/mA | $U_{CE}$/V | $U_o$ 波形 | 失真情况 | 管子工作状态 |
|---|---|---|---|---|
| | | | | |
| | | | | |
| | | | | |

### 6. 测量最大不失真输出电压

在步骤 3 的 $R_C = 2.4\ \text{k}\Omega$、$R_L = 2.4\ \text{k}\Omega$ 连线条件下，同时调节输入信号的幅度和电位器 $R_W$，用示波器和毫伏表测量 $U_{OPP}$ 及 $U_o$ 值，记入表 2.5 中。

表 2.5　$R_C = 2.4\ \text{k}\Omega$，$R_L = 2.4\ \text{k}\Omega$

| $I_C$/mA | $U_{im}$/mV 有效值 | $U_{om}$/V 有效值 | $U_{OPP}$/V 峰峰值 |
|---|---|---|---|
| | | | |

### 7. *测量输入电阻和输出电阻

如图 2.4 所示，取 $R = 2\ \text{k}\Omega$，置 $R_C = 2.4\ \text{k}\Omega$，$R_L = 2.4\ \text{k}\Omega$，$I_C = 2.0\ \text{mA}$。输入 $f = 1\ \text{kHz}$、峰-峰值为 50 mV 的正弦信号，在输出电压 $u_o$ 不失真的情况下，用毫伏表测出 $U_S$、$U_i$ 和 $U_L$，用公式（2.8）算出 $R_i$。

保持 $U_S$ 不变，断开 $R_L$，测量输出电压 $U_o$，根据公式（2.10）算出 $R_o$。

### 8. 测量幅频特性曲线

取 $I_C = 2.0\ \text{mA}$，$R_C = 2.4\ \text{k}\Omega$，$R_L = 2.4\ \text{k}\Omega$。保持上步输入信号 $u_i$ 不变，改变信号源频率 $f$，逐点测出相应的输出电压 $U_o$，自制表记录之。为了频率 $f$ 取值合适，可先粗略测一下，找出中频范围，然后再仔细读数。

晶体管系列元件分布如图 2.7 所示。

---

* 号为选做内容，以后不再作说明。另外，测量幅频特性时要求用外置信号源，以后测量幅频特性时不再说明。

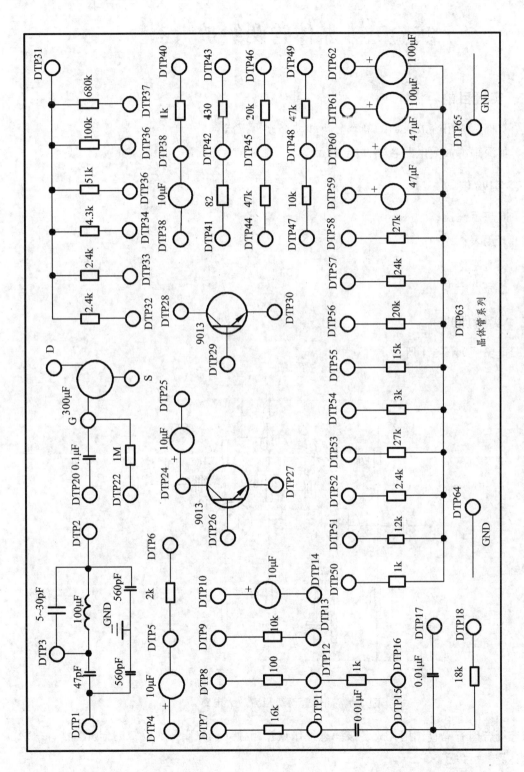

图 2.7　晶体管系列元件分布图

25

# 实验三　晶体管两级放大器

## 一、实验目的

（1）掌握两级阻容放大器的静态分析和动态分析方法。

（2）加深理解放大电路各项性能指标。

## 二、实验仪器

（1）双踪示波器；

（2）万用表；

（3）交流毫伏表；

（4）信号发生器。

## 三、实验原理

实验电路图如图 3.1 所示。

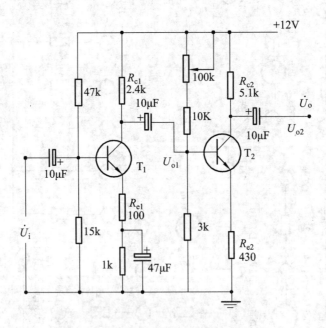

图 3.1　晶体管两级阻容放大电路

阻容耦合因有隔直作用，故各级静态工作点互相独立，只要按实验二的分析方法，一级一级地计算就可以了。

### （一）两级放大电路的动态分析

**1. 中频电压放大倍数的估算**

$$A_u = A_{u1} \times A_{u2} \tag{3.1}$$

单管基本共射电路电压放大倍数的公式如下：

单管共射 $\qquad A_u = -\dfrac{\beta R'_L}{r_{be} + (1+\beta)R_e} \tag{3.2}$

要特别注意的是，公式中的 $R'_L$，不仅是本级电路输出端的等效电阻，还应包含下级电路等效至输入端的电阻，即前一级输出端往后看总的等效电阻。

**2. 输入电阻的估算**

两级放大电路的输入电阻一般来说就是输入级电路的输入电阻，即

$$R_i \approx R_{i1} \tag{3.3}$$

**3. 输出电阻的估算**

两级放大电路的输出电阻一般来说就是输出级电路的输出电阻，即

$$R_o \approx R_{o2} \tag{3.4}$$

### （二）两级放大电路的频率响应

**1. 幅频特性**

已知两级放大电路总的电压放大倍数是各级放大电路放大倍数的乘积，则其对数幅频特性便是各级对数幅频特性之和，即

$$20\lg|\dot{A}_u| = 20\lg|\dot{A}_{u1}| + 20\lg|\dot{A}_{u2}| \tag{3.5}$$

**2. 相频特性**

两级放大电路总的相位为各级放大电路相位移之和，即

$$\varphi = \varphi_1 + \varphi_2 \tag{3.6}$$

## 四、实验内容

（1）在实验箱的晶体管系列模块中，按图 3.1 所示正确连接电路，$U_i$、$U_o$ 悬空，接入 +12 V 电源。

（2）测量静态工作点。

在步骤（1）连线基础上，在 $U_i = 0$ 情况下，打开直流开关，第一级静态工作点已固定，

可以直接测量。调节 100 k 电位器，使第二级的 $I_{C2} = 1.0$ mA（即 $U_{E2} = 0.43$ V），用万用表分别测量第一级、第二级的静态工作点，记入表 3.1 中。

表 3.1 静态工作点测量实验数据

|  | $U_B$/V | $U_E$/V | $U_C$/V | $I_C$/mA |
|---|---|---|---|---|
| 第一级 |  |  |  |  |
| 第二级 |  |  |  |  |

（3）测试两级放大器的各项性能指标。

调节一个频率为 1 kHz、峰-峰值为 50 mV 的正弦波作为输入信号 $U_i$。用示波器观察放大器输出电压 $U_o$ 的波形，在不失真的情况下用毫伏表测量出 $U_i$、$U_o$，算出两级放大器的倍数，输出电阻和输入电阻的测量按实验二方法测得，$U_{o1}$ 与 $U_{o2}$ 分别为第一级电压输出与第二级电压输出。$A_{u1}$ 为第一级电压放大倍数，$A_{u2}$（$U_{o2}/U_{o1}$）为第二级电压放大倍数，$A_u$ 为整个电压放大倍数，根据接入的不同负载测量性能指标记入表 3.2。

表 3.2 放大器放大倍数测量数据

| 负载 | $U_i$/mV | $U_{o1}$/V | $U_{o2}$/V | $U_o$/V | $A_{u1}$ | $A_{u2}$ | $A_u$ | $R_i$/kΩ | $R_o$/kΩ |
|---|---|---|---|---|---|---|---|---|---|
| $R_L = \infty$ |  |  |  |  |  |  |  |  |  |
| $R_L = 10$ k |  |  |  |  |  |  |  |  |  |

（4）*测量频率特性曲线。

保持输入信号 $U_i$ 的幅度不变，改变信号源频率 $f$，逐点测出 $R_L = 10$ k 时相应的输出电压 $U_o$，用双踪示波器观察 $U_o$ 与 $U_i$ 的相位关系，制作表格记录数据。为了频率 $f$ 取值合适，可先粗略测一下，找出中频范围，然后再仔细读数。

相关元件分布图参见实验二晶体管系列模块元件分布图。

# 实验四  场效应管放大器

## 一、实验目的

（1）了解结型场效应管的性能和特点。
（2）进一步熟悉放大器动态参数的测试方法。

## 二、实验仪器

（1）双踪示波器；

（2）万用表；

（3）交流毫伏表；

（4）信号发生器。

## 三、实验原理

实验电路如图 4.1 所示。

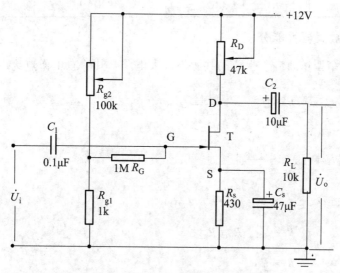

图 4.1　结型场效应管共源极放大器

### 1. 结型场效应管的特性和参数

场效应管的特性主要有输出特性和转移特性。图 4.2 所示为 N 沟道结型场效应管 3DJ6F 的输出特性和转移特性曲线。其直流参数主要有饱和漏极电流 $I_{DSS}$、夹断电压 $U_P$ 等；交流参数主要有低频跨导 $g_m = \dfrac{\Delta I_D}{\Delta U_{GS}}\bigg|_{U_{GS}=常数}$。

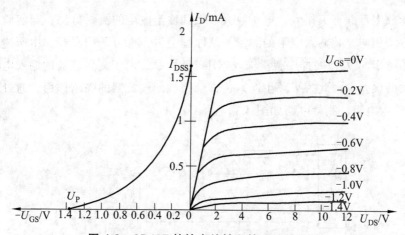

图 4.2　3DJ6F 的输出特性和转移特性曲线

表 4.1 列出了 3DJ6F 的典型参数值及测试条件。

**表 4.1　3DJ6F 的典型参数及测试条件**

| 参数名称 | 饱和漏极电流 $I_{DSS}$/mA | 夹断电压 $U_P$/V | 跨导 $g_m$/（μA/V） |
|---|---|---|---|
| 测试条件 | $U_{DS} = 10$ V<br>$U_{GS} = 0$ V | $U_{DS} = 10$ V<br>$I_{DS} = 50$ μA | $U_{DS} = 10$ V<br>$I_{DS} = 3$ mA<br>$f = 1$ kHz |
| 参数值 | $1 \sim 3.5$ | $<\lvert -9\rvert$ | $>1\,000$ |

### 2. 场效应管放大器性能分析

图 4.1 所示为结型场效应管组成的共源极放大电路。其静态工作点为

$$U_{GS} = U_G - U_S = \frac{R_{g1}}{R_{g1} + R_{g2}} U_{DD} - I_D R_S \qquad (4.1)$$

$$I_D = I_{DSS}\left(1 - \frac{U_{GS}}{U_P}\right)^2 \qquad (4.2)$$

中频电压放大倍数　　$A_u = -g_m R_L' = -g_m R_D /\!/ R_L$ 　　　　　　　　（4.3）

输入电阻　　　　　　$R_i = R_G + R_{g1} /\!/ R_{g2}$ 　　　　　　　　　　（4.4）

输出电阻　　　　　　$R_o \approx R_D$ 　　　　　　　　　　　　　　　　（4.5）

式中，跨导 $g_m$ 可由特性曲线用作图法求得，或用如下公式计算：

$$g_m = \frac{2I_{DSS}}{U_P}\left(1 - \frac{U_{GS}}{U_P}\right) \qquad (4.6)$$

但要注意，计算时 $U_{GS}$ 要用静态工作点处的数值。

### 3. 输入电阻的测量方法

场效应管放大器静态工作点、电压放大倍数和输出电阻的测量方法，与实验二中晶体管放大器测量方法相同。其输入电阻的测量，从原理上讲，也可采用实验二中所述方法，但由于场效应管的 $R_i$ 比较大，如直接测量输入电压 $U_S$ 和 $U_i$，由于测量仪器的输入电阻有限，必然会带来较大的误差。因此为了减小误差，常利用被测放大器的隔离作用，通过测量输出电压 $U_o$ 来计算输入电阻。测量电路如图 4.3 所示。

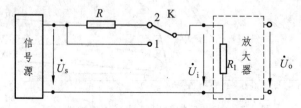

**图 4.3　输入电阻测量电路**

在放大器的输入端串入电阻 $R$，把开关 K 掷向位置 1（即 $R = 0$），测量放大器的输入电压 $U_{o1} = A_u U_S$；保持 $U_S$ 不变，再把 K 掷向 2（即接入 $R$），测量放大器的输出电压 $U_{o2}$。由于两次测量中 $A_u$ 和 $U_S$ 保持不变，故 $U_{o2} = A_u U_i = \dfrac{R_i}{R + R_i} U_S A_u$，由此可以求出

$$R_i = \frac{U_{o2}}{U_{o1} - U_{o2}} R \tag{4.7}$$

式中，$R$ 和 $R_i$ 不要相差人人，本实验可取 $R = 100 \sim 200 \ \text{k}\Omega$。

## 四、实验内容

（1）在实验箱的晶体管系列模块中有一块如图 4.4 所示已连好的连线图，从此处按图 4.1 展开连线，且使电位器 $R_D$ 初始值调到 4.3 k。

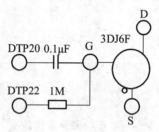

**图 4.4　晶体管模块图**

（2）静态工作点的测量和调整。

① 查阅场效应管的特性曲线和参数，记录下来备用，如图 4.2 可知放大区的中间部分：$U_{DS}$ 在 $4 \sim 8 \ \text{V}$，$U_{GS}$ 在 $-1 \sim -0.2 \ \text{V}$。

② 使 $U_i = 0$，打开直流开关，用万用表测量 $U_G$、$U_S$ 和 $U_D$。检查静态工作点是否在特性曲线放大区的中间部分。如合适则把结果记入表 4.2 中。

③ 若不合适，则适当调整 $R_{g2}$，调好后，再测量 $U_G$、$U_S$ 和 $U_D$，并记入表 4.2 中。

**表 4.2　静态工作点测量数据**

| 测 量 值 | | | | | | 计 算 值 | | |
|---|---|---|---|---|---|---|---|---|
| $U_G$/V | $U_S$/V | $U_D$/V | $U_{DS}$/V | $U_{GS}$/V | $I_D$/mA | $U_{DS}$/V | $U_{GS}$/V | $I_D$/mA |
| | | | | | | | | |

（3）电压放大倍数 $A_u$、输入电阻 $R_i$ 和输出电阻 $R_o$ 的测量。

① $A_u$ 和 $R_o$ 的测量。

按图 4.1 电路实验，把 $R_D$ 值固定在 4.3 k 接入电路，在放大器的输入端加入频率为 1 kHz、峰-峰值为 200 mV 的正弦信号 $U_i$，并用示波器监视输出 $u_o$ 的波形。在输出 $u_o$ 没有失真的条件下，分别测量 $R_L = \infty$ 和 $R_L = 10 \ \text{k}\Omega$ 的输出电压 $U_o$（注意：保持 $U_i$ 不变），记入表 4.3。

表 4.3  $A_u$、$R_o$ 实验数据

| 测 量 值 | | | | 计 算 值 | | $U_i$ 和 $U_o$ 波形 |
|---|---|---|---|---|---|---|
| | $U_i$/V | $U_o$/V | $A_u$ | $R_o$/kΩ | $A_u$ | $R_o$/kΩ | |
| $R_L = \infty$ | | | | | | | |
| $R_L = 10$ k | | | | | | | |

用示波器同时观察 $u_i$ 和 $u_o$ 的波形,描绘出来并分析它们的相位关系。

② $R_i$ 的测量。

按图 4.3 改接实验电路,把 $R_D$ 值固定在 4.3 k 接入电路,选择合适大小的输入电压 $U_S$,将开关 K 掷向 "1",测出 $R = 0$ 时的输出电压 $U_{o1}$,然后将开关掷向 "2"(接入 $R$),保持 $U_S$ 不变,再测出 $U_{o2}$,根据公式:

$$R_i = \frac{U_{o2}}{U_{o1} - U_{o2}} R$$

求出 $R_i$,记入表 4.4。

表 4.4  $R_i$ 的测量实验数据

| 测 量 值 | | | 计 算 值 |
|---|---|---|---|
| $U_{o1}$/V | $U_{o2}$/V | $R_i$/kΩ | $R_i$/kΩ |
| | | | |

*场效应管在使用过程中很容易损坏,不宜作为分立元件搭建电路做实验,故此仅仅了解一下即可。

*元件分布图参见实验一电源模块的直流信号源元件分布图和实验二晶体管系列模块元件分布图。

# 实验五  负反馈放大器

## 一、实验目的

(1)通过实验了解串联电压负反馈对放大器性能的改善。

(2)了解负反馈放大器各项技术指标的测试方法。

(3)掌握负反馈放大电路频率特性的测量方法。

## 二、实验仪器

（1）双踪示波器；

（2）万用表；

（3）交流毫伏表；

（4）信号发生器。

## 三、实验原理

图 5.1 所示为带有负反馈的两极阻容耦合放大电路。在电路中通过 $R_f$ 把输出电压 $U_o$ 引回到输入端，加在晶体管 $T_1$ 的发射极上，在发射极电阻 $R_{F1}$ 上形成反馈电压 $U_f$。根据反馈网络从基本放大器输出端取样方式的不同，可知它属于电压串联负反馈。基本理论知识参考课本。电压串联负反馈对放大器性能的影响主要有以下几点：

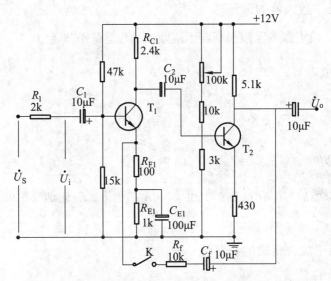

图 5.1  带有电压串联负反馈的两级阻容耦合放大器

### 1. 负反馈使放大器的放大倍数降低

$A_{uf}$ 的表达式为

$$A_{uf} = \frac{A_u}{1 + A_u F_u} \tag{5.1}$$

从上式可见，加上负反馈后，$A_{uf}$ 比 $A_u$ 降低了（$1 + A_u F_u$）倍，并且 $|1 + A_u F_u|$ 愈大，放大倍数降低愈多。深度反馈时，有

$$A_{uf} \approx \frac{1}{F_u} \tag{5.2}$$

## 2. 反馈系数

$$F_u = \frac{R_{F1}}{R_f + R_{F1}} \qquad\qquad (5.3)$$

## 3. 负反馈改变放大器的输入电阻与输出电阻

负反馈对放大器输入阻抗和输出阻抗的影响比较复杂。不同的反馈形式，对阻抗的影响不一样。一般并联负反馈能降低输入阻抗，而串联负反馈则提高输入阻抗，电压负反馈使输出阻抗降低，电流负反馈使输出阻抗升高。

输入电阻　　　$R_{if} = (1 + A_u F_u) R_i$ 　　　　　　　　　　　　　　　　（5.4）

输出电阻　　　$R_{of} = \dfrac{R_o}{1 + A_u F_u}$ 　　　　　　　　　　　　　　　（5.5）

## 4. 负反馈扩展了放大器的通频带

引入负反馈后，放大器的上限频率与下限频率的表达式分别为

$$f_{Hf} = (1 + A_u F_u) f_H \qquad\qquad (5.6)$$

$$f_{Lf} = \frac{1}{1 + A_u F_u} f_L \qquad\qquad (5.7)$$

$$BW = f_{Hf} - f_{Lf} \approx f_{Hf} \qquad (f_{Hf} \gg f_{Lf}) \qquad\qquad (5.8)$$

可见，引入负反馈后，$f_{Hf}$ 向高端扩展了（$1 + A_u F_u$）倍，$f_{Lf}$ 向低端扩展了（$1 + A_u F_u$）倍，使通频带加宽。

## 5. 负反馈提高了放大倍数的稳定性

当反馈深度一定时，有

$$\frac{\mathrm{d}A_{uf}}{A_{uf}} = \frac{1}{1 + A_u F_u} \cdot \frac{\mathrm{d}A_u}{A_u} \qquad\qquad (5.9)$$

可见引入负反馈后，放大器闭环放大倍数 $A_{uf}$ 的相对变化量 $\dfrac{\mathrm{d}A_{uf}}{A_{uf}}$ 比开环放大倍数的相对变化量 $\dfrac{\mathrm{d}A_u}{A_u}$ 减少了 $(1 + A_u F_u)$ 倍，即闭环增益的稳定性提高了（$1 + A_u F_u$）倍。

## 四、实验内容

（1）按图 5.1 所示正确连接线路，K 先断开即反馈网络（$R_f + C_f$）先不接入。

（2）测量静态工作点。

打开直流开关，使 $U_S = 0$，第一级静态工作点已固定，可以直接测量。调节 100 k 电位

器使第二级的 $I_{C2} = 1.0$ mA（即 $U_{E2} = 0.43$ V），用万用表分别测量第一级、第二级的静态工作点，记入表 5.1 中。

表 5.1　静态工作点实验测量数据

| | $U_B$/V | $U_E$/V | $U_C$/V | $I_C$/mA |
|---|---|---|---|---|
| 第一级 | | | | |
| 第二级 | | | | |

（3）测试基本放大器的各项性能指标

测量基本放大电路的 $A_u$、$R_i$、$R_o$ 及 $f_H$ 和 $f_L$ 值并将其值填入表 5.2 中，测量方法参考实验三，输入信号频率为 1 kHz，$U_i$ 的峰-峰值为 50 mV。

（4）测试负反馈放大器的各项性能指标。

在接入负反馈支路 $R_f = 10$ k 的情况下，测量负反馈放大器的 $A_{uf}$、$R_{if}$、$R_{of}$ 及 $f_{Hf}$ 和 $f_{Lf}$ 值，并将其值填入表 5.2 中，输入信号频率为 1 kHz，$U_i$ 的峰-峰值为 50 mV。

表 5.2　性能指标实验数据

| 数　值 | | $U_S$ /mV | $U_i$ /mV | $U_o$ /V | $A_u$ | $R_i$ /kΩ | $R_o$ /kΩ | $f_H$ /kHz | $f_L$ /Hz |
|---|---|---|---|---|---|---|---|---|---|
| 基本放大器（K 断开） | $R_L = \infty$ | | | | | | | | |
| | $R_L = 10$ k | | | | | | | | |
| 负反馈放大器（K 闭合） | $R_L = \infty$ | | | | | | | | |
| | $R_L = 10$ k | | | | | | | | |

注：测量值都应统一为有效值的方式计算，绝不可将峰-峰值和有效值混算，示波器所测量的为峰-峰值，万用表和毫伏表所测量的为有效值。测 $f_H$ 和 $f_L$ 时，输入 $U_i = 50$ mV，$f = 1$ kHz 的交流信号，测得中频时的 $U_o$ 值，然后改变信号源的频率，先 $f$ 增加，使 $U_o$ 值降到中频时的 0.707 倍，但要保持 $U_i = 50$ mV 不变，此时输入信号的频率即为 $f_H$，降低频率，使 $U_o$ 值降到中频时的 0.707 倍，此时输入信号的频率即为 $f_L$。

（5）观察负反馈对非线性失真的改善。

先接成基本放大器（K 断开），输入 $f = 1$ kHz 的交流信号，使 $U_o$ 出现轻度非线性失真，然后加入负反馈 $R_f = 10$ k（K 闭合）并增大输入信号，使 $U_o$ 波形达到基本放大器同样的幅度，观察波形的失真程度。

★元件分布图参见实验二晶体管系列模块元件分布图。

# 实验六　射极跟随器

## 一、实验目的

（1）掌握射极跟随器的特性及测试方法。

（2）进一步学习放大器各项参数测试方法。

## 二、实验仪器

（1）双踪示波器；

（2）万用表；

（3）交流毫伏表；

（4）信号发生器。

## 三、实验原理

图 6.1 所示为射极跟随器，输出取自发射极，故称其为射极跟随器。$R_B$ 调到最小值时易出现饱和失真，$R_B$ 调到最大值时易出现截止失真，由于本实验不需要失真情况，故 $R_W = 100$ k 取值比较适中，若想看到饱和失真，使 $R_W = 0$ k，增加输入幅度即可出现，若想看到截止失真，使 $R_W = 1$ M，增加输入幅度即可出现，有兴趣的同学可以验证一下。本实验基于图 6.1 做实验，现分析射极跟随器的特点。

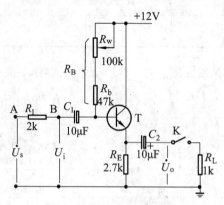

图 6.1　射极跟随器实验电路

### 1. 输入电阻 $R_i$ 高

$$R_i = r_{be} + (1+\beta)R_E \qquad (6.1)$$

如考虑偏置电阻 $R_B$ 和负载电阻 $R_L$ 的影响，则

$$R_i = R_B // [r_{be} + (1+\beta)(R_E // R_L)] \tag{6.2}$$

由上式可知射极跟随器的输入电阻 $R_i$ 比共射极单管放大器的输入电阻 $R_i = R_B // r_{be}$ 要高得多。输入电阻的测试方法同单管放大器,实验线路如图 6.1 所示。

$$R_i = \frac{U_i}{I_i} = \frac{U_i}{U_S - U_i} R_I \tag{6.3}$$

即只要测得 A、B 两点的对地电位即可。

### 2. 输出电阻 $R_o$ 低

$$R_o = \frac{r_{be}}{\beta} // R_E \approx \frac{r_{be}}{\beta} \tag{6.4}$$

如考虑信号源内阻 $R_S$,则

$$R_o = \frac{r_{be} + (R_S // R_B)}{\beta} // R_E \approx \frac{r_{be} + (R_S // R_B)}{\beta} \tag{6.5}$$

由上式可知射极跟随器的输出电阻 $R_o$ 比共射极单管放大器的输出电阻 $R_o = R_C$ 低得多。三极管的 $\beta$ 愈高,输出电阻愈小。

输出电阻 $R_o$ 的测试方法亦同单管放大器,即先测出空载输出电压 $U_o$,再测接入负载 $R_L$ 后的输出电压 $U_L$,根据

$$U_L = \frac{U_o}{R_o + R_L} R_L \tag{6.6}$$

即可求出 $R_O$

$$R_o = \left( \frac{U_o}{U_L} - 1 \right) R_L \tag{6.7}$$

### 3. 电压放大倍数近似等于 1

按照图 6.1 电路可以得到

$$A_u = \frac{(1+\beta)(R_E // R_L)}{r_{be} + (1+\beta)(R_E // R_L)} \tag{6.8}$$

上式说明射极跟随器的电压放大倍数小于近似 1 且为正值。这是深度电压负反馈的结果。但它的射极电流仍比基极电流大 $(1+\beta)$ 倍,所以它具有一定的电流和功率放大作用。

## 四、实验内容

(1)在晶体管系列实验模块中按图 6.1 正确连接电路,此时开关 K 先开路。

(2)静态工作点的调整。

打开直流开关,在 B 点加入频率为 1 kHz、峰-峰值为 1 V 的正弦信号 $U_i$,输出端用示波

器监视，调节 $R_W$ 及信号源的输出幅度，使在示波器的屏幕上得到一个最大不失真输出波形，然后置 $U_i = 0$，用万用表测量晶体管各电极对地电位，将测得数据记入表 6.1 中。

在下面整个测试过程中应保持 $R_W$ 和 $R_b$ 值不变（即 $I_E$ 不变）。

表 6.1　静态工作点的调整实验数据

| $U_E/V$ | $U_B/V$ | $U_C/V$ | $I_E = U_E/R_E/mA$ |
|---|---|---|---|
|  |  |  |  |

（3）测量电压放大倍数 $A_u$。

接入负载 $R_L = 1 k\Omega$，在 B 点加入频率为 1 kHz、峰-峰值为 1 V 的正弦信号 $U_i$，调节输入信号幅度，用示波器观察输出波形 $U_o$，在输出最大不失真情况下，用毫伏表测 $U_i$、$U_o$ 值。记入表 6.2 中。

表 6.2

| $U_i/V$ | $U_o/V$ | $A_V = U_o/U_i$ |
|---|---|---|
|  |  |  |

（4）测量输出电阻 $R_o$。

接负载 $R_L = 1 k$，在 B 点加入频率为 1 kHz、峰-峰值为 1 V 的正弦信号 $U_i$，用示波器监视输出波形，用毫伏表测空载输出电压 $U_o$，有负载时输出电压 $U_L$，记入表 6.3 中。

表 6.3　电输出电阻测量实验数据

| $U_o/V$ | $U_L/V$ | $R_o = (U_o/U_L - 1) R_L/k\Omega$ |
|---|---|---|
|  |  |  |

（5）测量输入电阻 $R_i$。

在 A 点加入频率为 1 kHz、峰-峰值为 1 V 的正弦信号 $U_S$，用示波器监视输出波形，用交流毫伏表分别测出 A、B 点对地的电位 $U_S$、$U_i$，记入表 6.4 中。

表 6.4　输入电阻测量实验数据

| $U_S/V$ | $U_i/V$ | $R_i = \dfrac{U_i}{U_S - U_i} R /k\Omega$ |
|---|---|---|
|  |  |  |

（6）测射极跟随器的跟随特性。

接入负载 $R_L = 1 k\Omega$，在 B 点加入频率为 1 kHz、峰-峰值为 1 V 的正弦信号 $U_i$，并保持不变，逐渐增大信号 $U_i$ 幅度，用示波器监视输出波形直至输出波形不失真时，测所对应的 $U_L$ 值，计算出 $A_u$，并记入表 6.5 中。

表 6.5　射极跟随器跟随特性实验数据

| | 1 | 2 | 3 | 4 |
|---|---|---|---|---|
| $U_i/V$ | | | | |
| $U_L/V$ | | | | |
| $A_u$ | | | | |

★元件分布图参见实验二晶体管系列模块元件分布图。

# 实验七　差动放大器

## 一、实验目的

（1）加深理解差动放大器的工作原理、电路特点和抑制零漂的方法。

（2）学习差动放大电路静态工作点的测试方法。

（3）学习差动放大器的差模、共模放大倍数、共模抑制比的测量方法。

## 二、实验仪器

（1）双踪示波器；

（2）万用表；

（3）交流毫伏表；

（4）信号发生器。

## 三、实验原理

图 7.1 所示电路为具有恒流源的差动放大器，其中晶体管 $T_1$、$T_2$ 称为差分对管，它与电阻 $R_{B1}$、$R_{B2}$、$R_{C1}$、$R_{C2}$ 及电位器 $R_{W1}$ 共同组成差动放大的基本电路。其中 $R_{B1} = R_{B2}$，$R_{C1} = R_{C2}$，$R_{W1}$ 为调零电位器，若电路完全对称，静态时，$R_{W1}$ 应处在中点位置，若电路不对称，应调节 $R_{W1}$，使 $U_{o1}$、$U_{o2}$ 两端静态时的电位相等。

晶体管 $T_3$、$T_4$ 与电阻 $R_{E3}$、$R_{E4}$、$R$ 和 $R_{W2}$ 共同组成镜像恒流源电路，为差动放大器提供恒定电流 $I_o$。要求 $T_3$、$T_4$ 为差分对管。$R_1$ 和 $R_2$ 为均衡电阻，且 $R_1 = R_2$，给差动放大器提供对称的差模输入信号。由于电路参数完全对称，当外界温度变化，或电源电压波动时，对电路的影响是一样的，因此差动放大器能有效地抑制零点漂移。

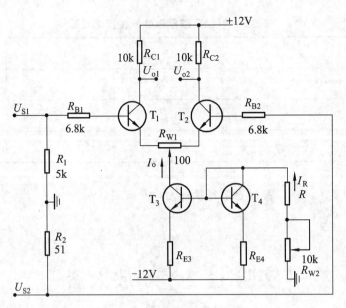

图 7.1　恒流源差动放大器

### 1. 差动放大电路的输入输出方式

如图 7.1 所示电路，根据输入信号和输出信号的不同方式可以有四种连接方式。即：

（1）双端输入—双端输出：将差模信号加在 $U_{S1}$、$U_{S2}$ 两端，输出取自 $U_{o1}$、$U_{o2}$ 两端。

（2）双端输入—单端输出：将差模信号加在 $U_{S1}$、$U_{S2}$ 两端，输出取自 $U_{o1}$ 或 $U_{o2}$ 到地的信号。

（3）单端输入—双端输出：将差模信号加在 $U_{S1}$ 上，$U_{S2}$ 接地（或 $U_{S1}$ 接地而信号加在 $U_{S2}$ 上），输出取自 $U_{o1}$、$U_{o2}$ 两端。

（4）单端输入—单端输出：将差模信号加在 $U_{S1}$ 上，$U_{S2}$ 接地（或 $U_{S1}$ 接地而信号加在 $U_{S2}$ 上），输出取自 $U_{o1}$ 或 $U_{o2}$ 到地的信号。

连接方式不同，电路的性能参数不同。

### 2. 静态工作点的计算

静态时差动放大器的输入端不加信号，由恒流源电路得

$$I_R = 2I_{B4} + I_{C4} = \frac{2I_{C4}}{\beta} + I_{C4} \approx I_{C4} = I_0 \tag{7.1}$$

$I_0$ 为 $I_R$ 的镜像电流。由电路可得

$$I_0 = I_R = \frac{-V_{EE} + 0.7\ \text{V}}{(R + R_{W2}) + R_{E4}} \tag{7.2}$$

由上式可见，$I_0$ 主要由 $-V_{EE}$（$-12\ \text{V}$）及电阻 $R$、$R_{W2}$、$R_{E4}$ 决定，与晶体管的特性参数无关。

40

差动放大器中的 $T_1$、$T_2$ 参数对称，则

$$I_{C1} = I_{C2} = I_0/2 \tag{7.3}$$

$$V_{C1} = V_{C2} = V_{CC} - I_{C1}R_{C1} = V_{CC} - \frac{I_0 R_{C1}}{2} \tag{7.4}$$

$$h_{ie} = 300\,\Omega + (1 + h_{fe})\frac{26\,\text{mV}}{I\,\text{mA}} = 300\,\Omega + (1 + h_{fe})\frac{26\,\text{mV}}{I_0/2\,\text{mA}} \tag{7.5}$$

由此可见，差动放大器的工作点，主要由镜像恒流源 $I_0$ 决定。

### 3. 差动放大器的重要指标计算

（1）差模放大倍数 $A_{ud}$。

由分析可知，差动放大器在单端输入或双端输入，它们的差模电压增益相同。但是，要根据双端输出和单端输出分别计算。此处只分析双端输入，单端输入自己分析。设差动放大器的两个输入端输入两个大小相等、极性相反的信号 $V_{id} = V_{id1} - V_{id2}$。双端输入—双端输出时，差动放大器的差模电压增益为

$$A_{ud} = \frac{V_{od}}{V_{id}} = \frac{V_{od1} - V_{od2}}{V_{id1} - V_{id2}} = A_{ui} = \frac{-h_{fe}R_L'}{R_{B1} + h_{ie} + (1 + h_{fe})\dfrac{R_{W1}}{2}} \tag{7.6}$$

式中，$R_L' = R_C // \dfrac{R_L}{2}$，$A_{ui}$ 为单管电压增益。

双端输入—单端输出时，电压增益为

$$A_{ud1} = \frac{V_{od1}}{V_{id}} = \frac{V_{od1}}{2V_{id1}} = \frac{1}{2}A_{ui} = \frac{-h_{fe}R_L'}{2\left[R_{B1} + h_{ie} + (1 + h_{fe})\dfrac{R_{W1}}{2}\right]} \tag{7.7}$$

式中，$R_L' = R_C // R_L$。

（2）共模放大倍数 $A_{uc}$。

设差动放大器的两个输入端同时加上两个大小相等、极性相同的信号，即 $V_{ic} = V_{i1} = V_{i2}$。

单端输出的差模电压增益为

$$A_{uc1} = \frac{V_{oc1}}{V_{ic}} = \frac{V_{oc2}}{V_{ic}} = A_{uC2} = \frac{-h_{fe}R_L'}{R_{B1} + h_{ie} + (1 + h_{fe})\dfrac{R_{W1}}{2} + (1 + h_{fe})R_e'} \approx \frac{R_L'}{2R_e'} \tag{7.8}$$

式中，$R_e'$ 为恒流源的交流等效电阻。即

$$R_e' = \frac{1}{h_{oe3}} \left( 1 + \frac{h_{fe3} R_{E3}}{h_{ie3} + R_{E3} + R_B} \right) \qquad (7.9)$$

$$h_{ie3} = 300\ \Omega + (1 + h_{fe}) \frac{26\ \text{mV}}{I_{E3}\ \text{mA}} \qquad (7.10)$$

$$R_B \approx (R + R_{W2}) /\!/ R_{E4} \qquad (7.11)$$

由于 $\dfrac{1}{h_{oe3}}$ 一般为几百千欧，所以 $R_e' \gg R_L'$，则共模电压增益 $A_{uc} < 1$，在单端输出时，共模信号得到了抑制。双端输出时，在电路完全对称情况下，则输出电压 $A_{oc1} = V_{oc2}$，共模增益为

$$A_{uc} = \frac{V_{oc1} - V_{oc1}}{V_{ic}} = 0 \qquad (7.12)$$

上式说明，双单端输出时，对零点漂移，电源波动等干扰信号有很强的抑制能力。

**注：** 如果电路的对称性很好，恒流源恒定不变，则 $U_{o1}$ 与 $U_{o2}$ 的值近似为零，示波器观测 $U_{o1}$ 与 $U_{o2}$ 的波形近似于一条水平直线。共模放大倍数近似为零，则共模抑制比 $K_{CMR}$ 为无穷大。如果电路的对称性不好，或恒流源不恒定，则 $U_{o1}$、$U_{o2}$ 为一对大小相等极性相反的正弦波（示波器幅度调节到最低挡），用长尾式差动放大电路可观察到 $U_{o1}$、$U_{o2}$ 分别为正弦波，实际上对管参数不一致，受信号频率与对管内部容性的影响，大小和相位可能有出入，但不影响正弦波的出现。

（3）共模抑制比 $K_{CMR}$。

差动放大电器性能的优劣常用共模抑制比 $K_{CMR}$ 来衡量，即

$$K_{CMR} = \left| \frac{A_{ud}}{A_{uc}} \right| \ \text{或}\ K_{CMR} = 20\lg \left| \frac{A_d}{A_C} \right| \quad (\text{dB}) \qquad (7.13)$$

单端输出时，共模抑制比为

$$K_{CMR} = \frac{A_{ud1}}{A_{uc}} = \frac{h_{fe} R_e'}{R_{B1} + h_{ie} + (1 + h_{fe}) \dfrac{R_{W1}}{2}} \qquad (7.14)$$

双端输出时，共模抑制比为

$$K_{CMR} = \left| \frac{A_{ud}}{A_{uc}} \right| = \infty \qquad (7.15)$$

## 四、实验内容

（1）参考本实验所附差动放大模块元件分布图，对照实验原理图 7.1 所示，正确连接原理图：

从 FTP16 连接到电位器 $R_{W2}$（10 k）的一端，另一端接地，FTP12 接到 CTP52，FTP8 接入 CTP54，CTP53 接地，FTP11 连接 FTP14，FTP1 接 + 12 V 电源，FTP15 接 – 12 V 电源，这样实验电路连接完毕。

（2）调整静态工作点。

打开直流开关，不加输入信号，将输入端 $U_{S1}$、$U_{S2}$ 两点对地短路，调节恒流源电路的 $R_{W2}$，使 $I_0 = 1$ mA，即 $I_0 = 2\,V_{RC1}/R_{C1}$。再用万用表直流挡分别测量差分对管 $T_1$、$T_2$ 的集电极对地的电压 $V_{C1}$、$V_{C2}$，如果 $V_{C1} \neq V_{C2}$，应调整 $R_{W1}$ 使 $V_{C1} = V_{C2}$。若始终调节 $R_{W1}$ 与 $R_{W2}$ 无法满足 $V_{C1} = V_{C2}$，可适当调电路参数如 $R_{C1}$ 或 $R_{C2}$（对照差动放大模块元件分布图，通过 FTP1 插孔与 FTP2 插孔或 FTP3 插孔并联一适当电阻，这样来减小 $R_{C1}$ 或 $R_{C2}$ 来使电路对称），使 $R_{C1}$ 与 $R_{C2}$ 不相等以满足电路对称，再调节 $R_{W1}$ 与 $R_{W2}$ 使 $V_{C1} = V_{C2}$。然后分别测 $V_{C1}$、$V_{C2}$、$V_{B1}$、$V_{B2}$、$V_{E1}$、$V_{E2}$ 的电压，记入自制表中。

（3）测量差模放大倍数 $A_{ud}$。

将 $U_{S2}$ 端接地，从 $U_{S1}$ 端输入 $V_{id} = 50$ mV（峰峰值）、$f = 1$ kHz 的差模信号，用毫伏表分别测出双端输出差模电压 $V_{od}$（$U_{o1} - U_{o2}$）和单端输出电压 $V_{od1}$（$U_{o1}$）、$V_{od2}$（$U_{o2}$），且用示波器观察它们的波形（$V_{od}$ 的波形观察方法：用两个探头，分别测 $V_{od1}$、$V_{od2}$ 的波形，微调挡相同，按下示波器 Y2 反相按键，在显示方式中选择叠加方式即可得到所测的差分波形）。并计算出差模双端输出的放大倍数 $A_{ud}$ 和单端输出的差模放大倍数 $A_{ud1}$ 或 $A_{ud2}$。记入自制表中。

（4）测量共模放大倍数 $A_{uc}$。

将输入端 $U_{S1}$、$U_{S2}$ 两点连接在一起，$R_1$ 与 $R_2$ 从电路中断开，从 $U_{S1}$ 端输入 10 V（峰-峰值）、$f = 1$ kHz 的共模信号，用毫伏表分别测量 $T_1$、$T_2$ 两管集电极对地的共模输出电压 $U_{oc1}$ 和 $U_{oc2}$ 且用示波器观察它们的波形，则双端输出的共模电压为 $U_{oc} = U_{oc1} - U_{oc2}$，并计算出单端输出的共模放大倍数 $A_{uc1}$（或 $A_{uc2}$）和双端输出的共模放大倍数 $A_{uc}$。

（5）根据以上测量结果，分别计算双端输出和单端输出共模抑制比。即 $K_{CMR}$（单）和 $K_{CMR}$（双）。

（6）*有条件的话可以观察温漂现象，首先调零，使 $V_{C1} = V_{C2}$[方法同步骤（2）]，然后用电吹风吹 T1、T2，观察双端及单端输出电压的变化现象。

（7）用一固定电阻 RE = 10 kΩ 代替恒流源电路，即将 $R_E$ 接在 $- V_{EE}$ 和 $R_{W1}$ 中间触点插孔之间组成长尾式差动放大电路，重复步骤（3）、（4）、（5），并与恒流源电路相比较。

*差动放大模块元件分布图如图 7.2 所示。

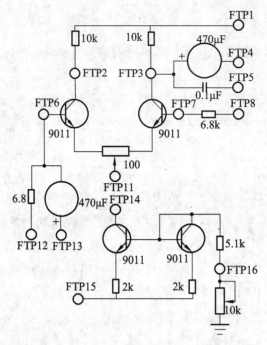

图 7.2  差动放大模块元件分布图

# 实验八  *RC*正弦波振荡器

## 一、实验目的

（1）进一步学习 *RC* 正弦波振荡器的组成及其振荡条件。
（2）学会测量、调试振荡器。

## 二、实验仪器

（1）双踪示波器；
（2）频率计。

## 三、实验原理

实验电路如图 8.1 所示。

从结构上看，正弦波振荡器是没有输入信号的，带选频网络的正反馈放大器。若用 *R*、*C* 元件组成选频网络，就称为 *RC* 振荡器，一般用来产生 1 Hz ~ 1 MHz 的低频信号。图 8.1 为 *RC* 串并联（文氏桥）网络振荡器。

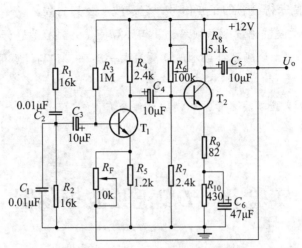

图 8.1 *RC* 串并联选频网络振荡器

电路形式如图 8.2 所示。

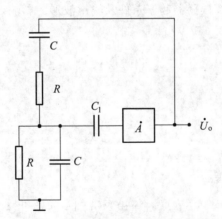

图 8.2 *RC* 串并联网络振荡器原理图

振荡频率 $\quad f_0 = \dfrac{1}{2\pi RC}$ (8.1)

起振条件 $\quad |\dot{A}| > 3$ (8.2)

电路特点：可方便地连续改变振荡频率，便于加负反馈稳幅，容易得到良好的振荡波形。

## 四、实验内容

（1）在晶体管系列模块中按图 8.1 正确连接线路。

（2）断开 *RC* 串并联网络，测量放大器静态工作点及电压放大倍数（参考实验二内容），记录之。

（3）接通 $RC$ 串并联网络，打开直流开关，调节 $R_F$ 并使电路起振，用示波器观测输出电压 $U_o$ 波形，调节 $R_F$ 使获得满意的正弦信号，记录波形及其参数。

（4）用频率计或示波器测量振荡频率，并与计算值（995 Hz）进行比较。

（5）改变 $R$ 或 $C$ 值，用频率计或示波器测量振荡频率，并与计算值[用公式（8.1）来计算]进行比较。

★元件分布图参见实验二晶体管系列模块元件分布图

# 实验九 *LC* 正弦波振荡器

## 一、实验目的

（1）掌握电容三点式 $LC$ 正弦波振荡器的设计方法。

（2）研究电路参数对 $LC$ 振荡器起振条件及输出波形的影响。

## 二、实验仪器

（1）双踪示波器；

（2）频率计。

## 三、实验原理

### 1. 电路组成及工作原理

图 9.1 所示的交流通路中，三极管三个电极分别与回路电容分压的三个端点相连，故称为电容三点式振荡电路。不难分析，电路满足相位平衡条件。该电路的振荡频率为

$$f_0 \approx \cfrac{1}{2\pi\sqrt{L\left[\cfrac{1}{\cfrac{1}{C_1}+\cfrac{1}{C_2}+\cfrac{1}{C_3}}+C_4\right]}} \qquad (9.1)$$

### 2. 电容三点式振荡电路的特点

（1）电路振荡频率较高，回路 $C_1$ 和 $C_2$ 容值可以选得很小。

（2）电路频率调节不方便，而且调节范围较窄。

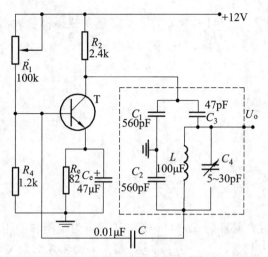

图 9.1　电容三点式振荡电路

### 四、实验内容

（1）实验原理图 9.1 虚线框部分电路在晶体管系列模块中已经连接好了。如图 9.2 所示为连接好的插孔图，DTP3 为 $U_o$ 输出插孔。按图 9.1 正确连接电路图。

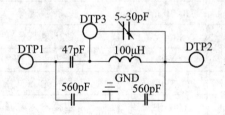

图 9.2　插孔图

（2）打开直流开关，用示波器观察振荡输出的波形 $U_o$，若未起振调节 $R_1$ 使电路起振得到一个比较好的正弦波波形。

（3）用公式（9.1）计算出理论频率范围。

（4）用示波器观察波形，改变可调电容 $C_4$ 的值（可调范围为 5～30 pF），估测出频率范围，记录之。比较一下理论值，并画出对应波形图。

★元件分布图参见实验二晶体管系列模块元件分布图。

# 实验十　集成运算放大器指标测试

## 一、实验目的

（1）掌握运算放大器主要指标的测试方法。

（2）通过对运算放大器 μA741 指标的测试，了解集成运算放大器组件主要参数的定义和表示方法。

## 二、实验仪器

（1）双踪示波器；
（2）万用表；
（3）交流毫伏表；
（4）信号发生器。

## 三、实验原理

本实验采用的集成运放型号为 μA741：②脚和③脚为反相和同相输入端，⑥脚为输出端，⑦脚和④脚分别为正（$U_{CC}$）、负（$-U_{EE}$）电源端，①脚和⑤脚为失调调零端，⑧脚为空脚。表 10.1 所列为 μA741 的典型参数规范：

**表 10.1** $T = 25\ ℃$，$U_{CC} = U_{EE} = 15\ V$

| 参数名称 | 参数值 | 参数名称 | 参数值 |
|---|---|---|---|
| 输入失调电压 | 1~5 mV | 输出电阻 | 75 Ω |
| 输入失调电流 | 10~20 nA | 转换速率 | 0.5 V/μs |
| 输入偏置电流 | 80 nA | 输出电压峰值 | ±13 V |
| 输入电阻 | 2 MΩ | 输出电流峰值 | ±20 mA |
| 输入电容 | 1.5 pF | 共模输入电压 | ±13 V |
| 开环差动电压增益 | 100 dB | 差模输入电压 | ±30 V |
| 共模抑制比 | 90 dB | 应用频率 | 10 kHz |

### 1. 输入失调电压 $U_{OS}$

输入失调电压 $U_{OS}$ 是指输入信号为零时，输出端出现的电压折算到同相输入端的数值。失调电压测试电路如图 10.1 所示。

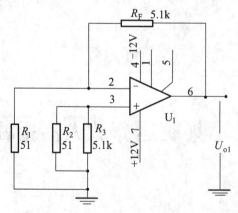

**图 10.1　输入失调电压 $U_{OS}$ 测试电路**

测量此时的输出电压 $U_{o1}$ 即为输出失调电压，则输入失调电压为

$$U_{oS} = \frac{R_1}{R_1 + R_F} U_{o1} \qquad (10.1)$$

实际输出的 $U_{o1}$ 可能为正，也可能为负，高质量的运放 $U_{oS}$ 一般在 1 mV 以下。

测试中应注意：将运放调零端开路。

### 2. 输入失调电流 $I_{OS}$

输入失调电流 $I_{OS}$ 是指当输入信号为零时，运放的两个输入端的基极偏置电流之差，即

$$I_{OS} = |I_{B1} - I_{B2}| \qquad (10.2)$$

由于 $I_{B1}$，$I_{B2}$ 本身的数值已很小（微安级），因此，它们的差值通常不是直接测量的，测试电路如图 10.2 所示，测试分两步进行。

（1）按图 10.1 测出输出电压 $U_{o1}$，这是由输入失调电压 $U_{oS}$ 所引起的输出电压。

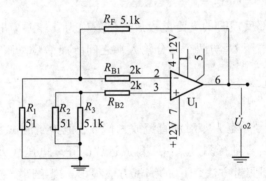

**图 10.2　输入失调电流 $I_{OS}$ 测试电路**

（2）按图 10.2 所示，测出两个电阻 $R_{B1}$、$R_{B2}$ 接入时的输出电压 $U_{O2}$，若从中扣除输入失调电压 $U_{oS}$ 的影响，则输入失调电流 $I_{OS}$ 为

$$I_{oS} = |I_{B1} - I_{B2}| = |U_{o2} - U_{o1}| \frac{R_1}{R_1 + R_F} \frac{1}{R_{B1}} \qquad (10.3)$$

一般，$I_{oS}$ 在 100 mA 以下。测试中应注意：将运放调零端开路。

### 3. 输入偏置电流 $I_{IB}$

输入偏置电流 $I_{IB}$ 是指在无信号输入时，运放两输入端静态基极电流的平均值，$I_{IB} = \frac{1}{2}(I_{B1} + I_{B2})$ 一般是微安数量级，若 $I_{IB}$ 过大，不仅在不同信号内阻的情况下对静态工作点有较大的影响，而且要影响温漂和运算精度，所以输入偏置电流越小越好。测量输入偏置电流的电路如图 10.3 所示。

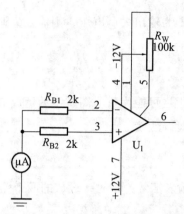

图 10.3　输入偏置电流测试电路

测试中应注意：测试前电路应首先调零，即调节 $R_W$ 使输入接地情况下失调电压为零，以后除说明开路外都要调零，不再说明。

### 4. 开环差模放大倍数 $A_{ud}$

集成运放在没有外部反馈时的支流差模放大倍数称为开环差模电压放大倍数，用 $A_{ud}$ 表示。它定义为开环输出电压 $U_o$ 与两个差分输入端之间所加信号电压 $U_{id}$ 之比，即

$$A_{ud} = \frac{U_o}{U_{id}} \tag{10.4}$$

按定义，$A_{ud}$ 应是信号频率为零时的直流放大倍数，但为了测试方便，通常采用低频（几十赫兹以下）正弦交流信号进行测量。由于集成运放的开环电压放大倍数很高，难以直接进行测量，故一般采用闭环测量方法。$A_{ud}$ 的测试方法很多，现采用交、直流同时闭环的测量方法，如图 10.4 所示。

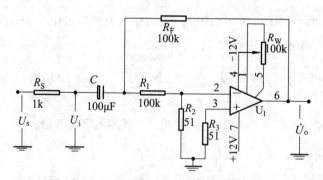

图 10.4　开环差模放大倍数 $A_{ud}$ 测试电路

被测运放一方面通过 $R_F$、$R_1$、$R_2$ 完成直流闭环，以抑制输出电压漂移；另一方面通过 $R_F$ 和 $R_S$ 实现交流闭环，外加信号 $U_s$ 经 $R_1$、$R_2$ 分压，使 $U_{id}$ 足够小，以保证运放工作在线性区，同相输入端电阻 $R_3$ 应与反相输入端电阻 $R_2$ 相匹配，以减小输入偏置电流的影响，电容 $C$ 为隔直电容。被测运放的开环电压放大倍数为

50

$$A_{ud} = \frac{U_o}{U_{id}} = \left(1 + \frac{R_1}{R_2}\right)\frac{U_o}{U_i} \qquad (10.5)$$

### 5. 共模抑制比 $K_{CMR}$

$K_{CMR}$ 的测试电路如图 10.5 所示。

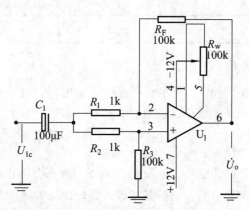

图 10.5  共模抑制比 $K_{CMR}$ 测试电路

集成运放的差模电压放大倍数 $A_d$ 与共模电压放大倍数 $A_c$ 之比称为共模抑制比，即

$$K_{CMR} = \left|\frac{A_d}{A_c}\right| \ \text{或}\ K_{CMR} = 20\lg\left|\frac{A_d}{A_c}\right| \quad (\text{dB}) \qquad (10.6)$$

理想运放对输入的共模信号其输出为零，但在实际的集成运放中，其输出不可能没有共模信号的成分，输出端共模信号愈小，说明电路对称性愈好，也就是说运放对共模干扰信号的抑制能力愈强，即 $K_{CMR}$ 愈大。

集成运放工作在闭环状态下的差模电压放大倍数为

$$A_d = -\frac{R_F}{R_1} \qquad (10.7)$$

当接入共模输入信号 $U_{ic}$ 时，测得 $U_{oc}$，则共模电压放大倍数为

$$A_C = \frac{U_{oc}}{U_{ic}} \qquad (10.8)$$

共模抑制比为 $\qquad K_{CMR} = \left|\frac{A_d}{A_c}\right| = \frac{R_F}{R_1}\frac{U_{ic}}{U_{oc}} \qquad (10.9)$

## 四、实验内容

为防止负电源接反损坏集成块，运放系列实验中 μA741 的电源已接上。另外输出端切记不可短路，否则将会损坏集成块。

### 1. 测量输入失调电压 $U_{OS}$

在运放系列模块中，按图 10.1 所示正确连接实验电路，打开直流开关，用万用表测量输

出端电压 $U_{o1}$，并用公式（10.1）计算 $U_{OS}$，记入表 10.2 中。

**表 10.2　输入失调电压测量值**

| $U_{OS}$/mV | | $I_{OS}$/μA | | $A_{ud}$/dB | | $K_{CMR}$/dB | |
|---|---|---|---|---|---|---|---|
| 实测值 | 典型值 | 实测值 | 典型值 | 实测值 | 典型值 | 实测值 | 典型值 |
| | | | | | | | |

### 2. 测量输入失调电流 $I_{OS}$

在运放系列模块中，按图 10.2 所示正确连接实验电路，打开直流开关，用万用表测量 $U_{o2}$，并用公式（10.3）计算 $I_{OS}$。记入表 10.1 中。

### 3. 测量输入偏置电流 $I_{IB}$

若无微安级精度仪器，此实验略过，有则先调零（调零方法：如图 10.6 所示连接电路，调节 $R_W$ 使 $U_o$ 为零即调零完毕，断开电路其他连线，若保持调零端的电位器 $R_W$ 接入运放中，则后续实验可不用调零。调零时必须小心，不要使电位器的接线端与地线或正电源线相碰，否则会损坏运算放大器）后，按图 10.3 所示正确连接电路，记录所测数据。

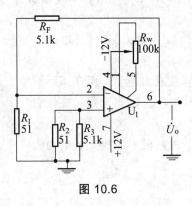

图 10.6

### 4. 测量开环差模电压放大倍数 $A_{ud}$

先调零（方法见步骤 3），然后按图 10.4 所示正确连接实验电路，运放输入端加入一个频率 20 Hz、峰-峰值为 100 mV 的正弦信号，用示波器监视输出波形。用毫伏表测量 $U_o$ 和 $U_i$，并用公式（10.5）计算 $A_{ud}$。记入表 10.2 中。

### 5. 测量共模抑制比 $K_{CMR}$

先调零（方法见步骤 3），然后按图 10.5 所示正确连接实验电路，运放输入端加 $f=$ 100 Hz、$U_{ic}=10$ V（峰-峰值）正弦信号，用毫伏表测量 $U_{oc}$ 和 $U_{ic}$，并用公式（10.8）、（10.9）计算 $A_c$ 及 $K_{CMR}$。记入表 10.2 中。

*运放系列模块元件分布图如图 10.7 所示。

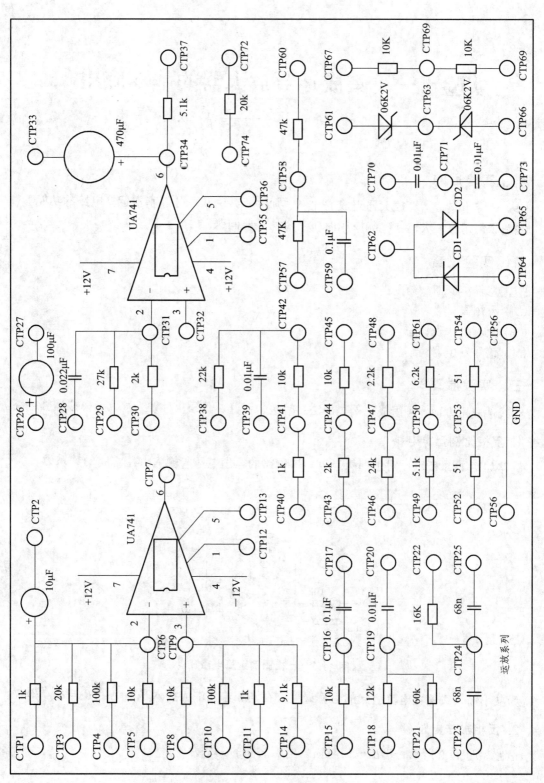

图 10.7 运放系列模块元件分布图

# 实验十一 集成运算放大器的基本应用
## ——模拟运算电路

## 一、实验目的

（1）研究由集成运算放大器组成的比例、加法、减法和积分等基本运算电路的功能。

（2）了解运算放大器在实际应用时应考虑的一些问题。

## 二、实验仪器

（1）双踪示波器；

（2）万用表；

（3）交流毫伏表；

（4）信号发生器。

## 三、实验原理

在线性应用方面，可组成比例、加法、减法、积分、微分、对数、指数等模拟运算电路。

### 1. 反相比例运算电路

电路如图 11.1 所示。对于理想运放，该电路的输出电压与输入电压之间的关系为

$$U_\text{o} = -\frac{R_\text{F}}{R_1}U_\text{i}$$

（11.1）

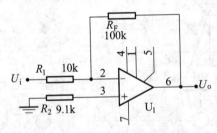

图 11.1　反相比例运算电路

为减小输入级偏置电流引起的运算误差，在同相输入端应接入平衡电阻 $R_2 = R_1 /\!/ R_\text{F}$。

### 2. 反相加法电路

电路如图 11.2 所示，输出电压与输入电压之间的关系为

$$U_\text{o} = -\left(\frac{R_\text{F}}{R_1}U_\text{i1} + \frac{R_\text{F}}{R_2}U_\text{i2}\right),\quad R_3 = R_1 /\!/ R_2 /\!/ R_\text{F}$$

（11.2）

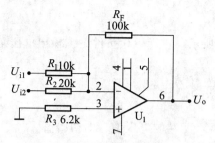

图 11.2　反相加法运算电路

### 3. 同相比例运算电路

图 11.3（a）是同相比例运算电路，它的输出电压与输入电压之间的关系为

$$U_o = \left(1 + \frac{R_F}{R_1}\right) U_i, \quad R_2 = R_1 /\!/ R_F \tag{11.3}$$

当 $R_1 \to \infty$ 时，$U_o = U_i$，即得到如图 11.3（b）所示的电压跟随器。图中 $R_2 = R_F$，用来减小漂移和起保护作用。一般 $R_F$ 取 10 kΩ，$R_F$ 太小起不到保护作用，太大则影响跟随性。

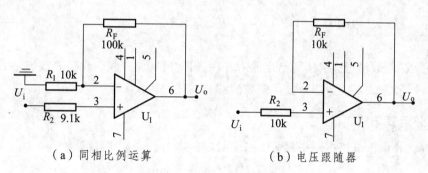

（a）同相比例运算　　　　　　　（b）电压跟随器

图 11.3　同相比例运算电路

### 4. 差动放大电路（减法器）

对于图 11.4 所示的减法运算电路，当 $R_1 = R_2$，$R_3 = R_F$ 时，有如下关系式：

$$U_o = \frac{R_F}{R_1}(U_{i2} - U_{i1}) \tag{11.4}$$

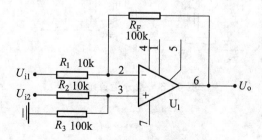

图 11.4　减法运算电路

55

### 5. 积分运算电路

反相积分电路如图 11.5 所示。在理想化条件下，输出电压 $U_o$ 为

$$U_o(t) = -\frac{1}{RC}\int_0^t U_i \mathrm{d}t + U_C(0) \tag{11.5}$$

式中，$U_C(0)$ 是 $t = 0$ 时刻电容 $C$ 两端的电压值，即初始值。

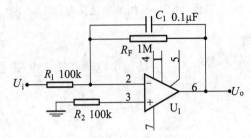

图 11.5 积分运算电路

如果 $U_i(t)$ 是幅值为 $E$ 的阶跃电压，并设 $U_C(0) = 0$，则

$$U_o(t) = -\frac{1}{RC}\int_0^t E \mathrm{d}t = -\frac{E}{RC}t \tag{11.6}$$

此时，显然 $RC$ 的数值越大，达到给定的 $U_o$ 值所需的时间就越长，改变 $R$ 或 $C$ 的值，积分波形也不同。一般方波变换为三角波，正弦波移相。

### 6. 微分运算电路

微分电路的输出电压正比于输入电压对时间的微分，一般表达式为

$$U_o = -RC\frac{\mathrm{d}u_i}{\mathrm{d}t} \tag{11.7}$$

利用微分电路可实现对波形的变换，矩形波变换为尖脉冲。

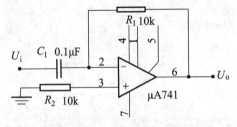

图 11.6 微分运算电路

### 7. 对数运算电路

对数电路的输出电压与输入电压的对数成正比，其一般表达式为

$$u_0 = K\mathrm{ln}u_I \qquad\qquad (11.8)$$

式中，$K$ 为负系数。

利用集成运放和二极管组成如图 11.7 所示的基本对数电路。

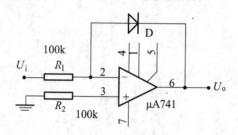

图 11.7　对数运算电路

由于对数运算精度受温度、二极管的内部载流子及内阻的影响，仅在一定的电流范围才满足指数特性，不容易调节。故本实验仅供有兴趣的同学调试。如图 11.7 所示，正确连接实验电路，D 为普通二极管，取频率为 1 kHz、峰-峰值为 500 mV 的三角波作为输入信号 $U_i$，打开直流开关，输入和输出端接双踪示波器，调节三角波的幅度，观察输入和输出波形，如图 11.8 所示。在三角波上升沿阶段输出有较凸的下降沿，在三角波下降沿阶段有较凹的上升沿。如若波形的相位不对，调节适当的输入频率。

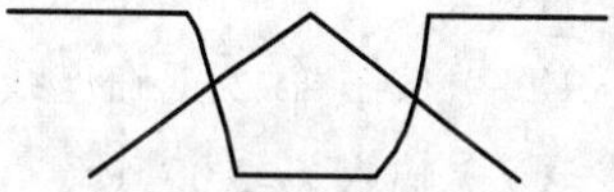

图 11.8　输入和输出波形

### 8. 指数运算电路

指数电路的输出电压与输入电压的指数成正比，其一般表达式为：

$$u_o = Ke^{u_I} \qquad\qquad (11.9)$$

其中 $K$ 为负系数。利用集成运放和二极管组成如图 11.9 所示的基本指数电路。

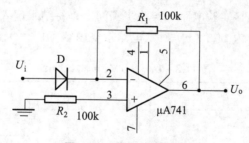

图 11.9　指数运算电路

由于指数运算精度同样受温度、二极管的内部载流子及内阻影响，本实验仅供有兴趣的同学调试。按如图 11.9 所示正确连接实验电路，D 为普通二极管，取频率为 1 kHz、峰-峰值为 1 V 的三角波作为输入信号 $U_i$，打开直流开关，输入和输出端接双踪示波器，调节三角波的幅度，观察输入和输出波形，如图 11.10 所示，在三角波上升阶段输出有一个下降沿的指数运算，在下降沿阶段输出有一个上升沿运算阶段。若波形的相位不对，调节合适的输入频率。

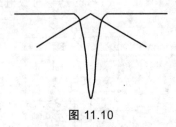

图 11.10

## 四、实验内容

实验时切忌将输出端短路，否则将会损坏集成块。输入信号时先按实验所给的值调好信号源，再加入运放输入端，另外做实验前先对运放调零，若失调电压对输出影响不大，可以不用调零，以后不再说明调零情况，调零方法见实验十实验内容中的步骤 3。

### 1. 反相比例运算电路

（1）按图 11.1 正确连线。

（2）输入 $f = 100\ \text{Hz}$、$U_i = 0.5\ \text{V}$（峰-峰值）的正弦交流信号，打并直流并关，用毫伏表测量 $U_i$、$U_o$ 值，并用示波器观察 $U_o$ 和 $U_i$ 的相位关系，记入表 11.1 中。

表 11.1    $U_i = 0.5\ \text{V}$（峰-峰值），$f = 100\ \text{Hz}$

| $U_i/\text{V}$ | $U_o/\text{V}$ | $U_i$ 波形 | $U_o$ 波形 | $A_u$ | |
|---|---|---|---|---|---|
| | | | | 实测值 | 计算值 |
| | | | | | |

### 2. 同相比例运算电路

（1）按图 11.3（a）连接实验电路。实验步骤同上，将结果记入表 11.2 中。

（2）将图 11.3（a）改为 11.3（b）所示电路重复内容（1）。

表 11.2    $U_i = 0.5\ \text{V}$，$f = 100\ \text{Hz}$

| $U_i/\text{V}$ | $U_o/\text{V}$ | $U_i$ 波形 | $U_O$ 波形 | $A_u$ | |
|---|---|---|---|---|---|
| | | | | 实测值 | 计算值 |
| | | | | | |

### 3. 反相加法运算电路

（1）按图 11.2 正确连接实验电路。

（2）输入信号采用直流信号源，图 11.11 所示电路为简易直流信号源 $U_{i1}$、$U_{i2}$。

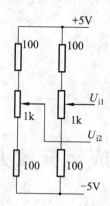

**图 11.11 简易可调直流信号源**

用万用表测量输入电压 $U_{i1}$、$U_{i2}$（且要求均大于零小于 0.5 V）及输出电压 $U_o$，记入表 11.3 中。

**表 11.3 输入电压输出电压测量值**

| | | | | |
|---|---|---|---|---|
| $U_{i1}/V$ | | | | |
| $U_{i2}/V$ | | | | |
| $U_o/V$ | | | | |

### 4. 减法运算电路

（1）按图 11.4 所示正确连接实验电路。

（2）采用直流输入信号，实验步骤同内容 3，记入表 11.4 中。

**表 11.4**

| | | | | |
|---|---|---|---|---|
| $U_{i1}/V$ | | | | |
| $U_{i2}/V$ | | | | |
| $U_o/V$ | | | | |

### 5. 积分运算电路

（1）按图 11.5 所示积分电路正确连接。

（2）取频率约为 100 Hz、峰-峰值为 2 V 的方波作为输入信号 $U_i$，打开直流开关，输出端接示波器，可观察到三角波波形输出并记录之。

### 6. 微分运算电路

（1）按图 11.6 所示微分电路正确连接。

（2）取频率约为 100 Hz、峰-峰值为 0.5 V 的方波作为输入信号 $U_i$，打开直流开关，输出端接示波器，可观察到尖顶波。

★元件分布图参考实验一电源模块的直流信号源元件分布图和实验十运放系列模块元件分布图。

# 实验十二  集成运算放大器的基本应用
## ——波形发生器

## 一、实验目的

（1）学习用集成运放构成正弦波、方波和三角波发生器。
（2）学习波形发生器的调整和主要性能指标的测试方法。

## 二、实验仪器

（1）双踪示波器；
（2）频率计；
（3）交流毫伏表。

## 三、实验原理

### 1. RC 桥式正弦波振荡器（文氏电桥振荡器）

图 12.1 所示为 RC 串、并联电路构成的正反馈支路，同时兼作选频网络，$R_1$、$R_2$、$R_W$ 及二极管等元件构成负反馈和稳幅环节。调节电位器 $R_W$，可以改变负反馈深度，以满足振荡的振幅条件和改善波形。利用两个反向并联二极管 $D_1$、$D_2$ 正向电阻的非线性特性来实现稳幅。$D_1$、$D_2$ 采用硅管（温度稳定性好），且要求特性匹配，才能保证输出波形正、负半周对称。$R_3$ 的接入是为了削弱二极管非线性影响，以改善波形失真。

电路的振荡频率　　　$f_0 = \dfrac{1}{2\pi RC}$ 　　　　　　　　　　　　（12.1）

起振的幅值条件　　　$\dfrac{R_F}{R_1} > 2$ 　　　　　　　　　　　　　（12.2）

式中，$R_F = R_W + R_2 + (R_3 // r_D)$，$r_D$ 为二极管正向导通电阻。

调整 $R_W$，使电路起振，且波形失真最小。如不能起振，则说明负反馈太强，应适当加大 $R_F$。如波形失真严重，则应适当减小 $R_F$。

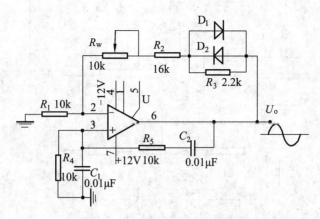

**图 12.1** *RC* 桥式正弦波振荡器

改变选频网络的参数 $C$ 或 $R$，即可调节振荡频率。一般采用改变电容 $C$ 作频率量程切换，而调节 $R$ 作量程内的频率细调。

### 2. 方波发生器

由集成运放构成的方波发生器和三角波发生器，一般均包括比较器和 *RC* 积分器两大部分。图 12.2 所示为由迟回比较器及简单 *RC* 积分电路组成的方波——三角波发生器。它的特点是线路简单，但三角波的线性度较差。主要用于产生方波，或对三角波要求不高的场合。

该电路的振荡频率为

$$f_0 = \frac{1}{2R_f C_f \ln\left(1 + \dfrac{2R_2'}{R_1'}\right)} \tag{12.3}$$

$R_W$ 从中点触头分为 $R_{W1}$ 和 $R_{W2}$：

$$R_1' = R_1 + R_{W1}, \quad R_2' = R_2 + R_{W2}$$

方波的输出幅值 $\qquad U_{om} = \pm U_z \tag{12.4}$

式中，$U_z$ 为两级稳压管稳压值。

三角波的幅值 $\qquad U_{cm} = \dfrac{R_2'}{R_1' + R_2'} U_z \tag{12.5}$

调节电位器 $R_W$（即改变 $\dfrac{R_2'}{R_1'}$），可以改变振荡频率，但三角波的幅值也随之变化。如要互不影响，则可通过改变 $R_f$（或 $C_f$）来实现振荡频率的调节。

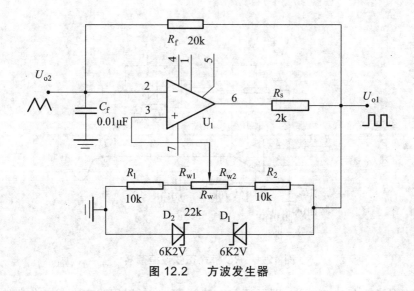

图 12.2    方波发生器

### 3. 三角波和方波发生器

如把滞回比较器和积分器首尾相接形成正反馈闭环系统，如图 12.3 所示，则比较器输出的方波经积分器积分可得到三角波，三角波又触发比较器自动翻转形成方波，这样即可构成三角波、方波发生器。由于采用运放组成的积分电路，因此可实现恒流充电，使三角波线性大大改善。

电路的振荡频率

$$f_0 = \frac{R_2}{4R_1(R_f + R_W)C_f} \tag{12.6}$$

方波的幅值

$$U_{om} = \pm U_z \tag{12.7}$$

三角波的幅值

$$U_{1m} = \pm R_1 \cdot U_z / R_2 \tag{12.8}$$

调节 $R_W$ 可以改变振荡频率，改变比值 $R_1/R_2$ 可调节三角波的幅值。

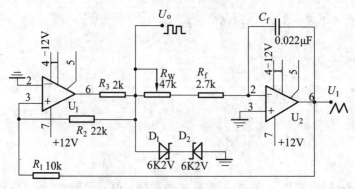

图 12.3    三角波、方波发生器

### 四、实验内容

#### 1. *RC* 桥式正弦波振荡器

（1）按图 12.1 所示连接实验电路，输出端 $U_o$ 接示波器。

（2）打开直流开关，调节电位器 $R_W$，使输出波形从无到有，从正弦波到出现失真。描绘 $U_o$ 的波形，记下临界起振、正弦波输出及失真情况下的 $R_W$ 值，分析负反馈强弱对起振条件及输出波形的影响。

（3）调节电位器 $R_W$，使输出电压 $U_o$ 幅值最大且不失真，用交流毫伏表分别测量输出电压 $U_o$、反馈电压 $U+$（运放③脚电压）和 $U-$（运放②脚电压），分析研究振荡的幅值条件。

（4）用示波器或频率计测量振荡频率 $f_0$，然后在选频网络的两个电阻 $R$ 上并联同一阻值电阻，观察记录振荡频率的变化情况，并与理论值进行比较。

（5）断开二极管 $D_1$、$D_2$，重复（3）的内容，将测试结果与（3）进行比较分析 $D_1$、$D_2$ 的稳幅作用。

#### 2. 方波发生器

（1）将 22 k 电位器（$R_W$）调至中心位置按图 12.2 所示接入实验电路，正确连接电路后，打开直流开关，用双踪示波器观察 $U_{o1}$ 及 $U_{o2}$ 的波形（注意对应关系），测量其幅值及频率，记录之。

（2）改变 $R_W$ 动点的位置，观察 $U_{o1}$、$U_{o2}$ 幅值及频率变化情况。把动点调至最上端和最下端，用频率计测出频率范围，记录之。

（3）将 $R_W$ 恢复到中心位置，将稳压管 $D_1$ 两端短接，观察 $U_o$ 波形，分析 $D_2$ 的限幅作用。

#### 3. 三角波和方波发生器

（1）按图 12.3 连接实验电路，打开直流开关，调节 $R_W$ 起振，用双踪示波器观察 $U_o$ 和 $U_1$ 的波形，测其幅值、频率及 $R_W$ 值，记录之。

（2）改变 $R_W$ 的位置，观察对 $U_o$、$U_1$ 幅值及频率的影响。

（3）改变 $R_1$（或 $R_2$），观察对 $U_o$、$U_1$ 幅值及频率的影响。

★元件分布图参考实验十运放系列模块元件分布图。


# 实验十三　集成运算放大器的基本应用信号处理
## ——有源滤波器


## 一、实验目的

（1）熟悉用运放、电阻和电容组如何成有源低通滤波、高通滤波和带通、带阻滤波器，并熟悉及其特性。

（2）学会测量有源滤波器的幅频特性。

## 二、实验仪器

（1）双踪示波器；
（2）频率计；
（3）交流毫伏表；
（4）信号发生器。

## 三、实验原理

### 1. 低通滤波器

低通滤波器是指低频信号能通过而高频信号不能通过的滤波器，用一级 $RC$ 网络组成的称为一阶 $RC$ 有源低通滤波器，如图 13.1 所示。

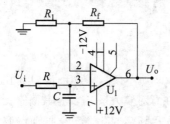 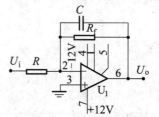

（a）$RC$ 网络接在同相输入端　　　　（b）$RC$ 网络接在反相输入端

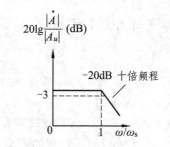

（c）一阶 $RC$ 低能滤波器的幅频特性

**图 13.1　基本的有源低通滤波器**

为了改善滤波效果，在图 13.1（a）的基础上再加一级 $RC$ 网络，为了克服在截止频率附近的通频带范围内幅度下降过多的缺点，通常采用将第一级电容 $C$ 的接地端改接到输出端的方式，如图 13.2 所示，即为一个典型的二阶有源低通滤波器。

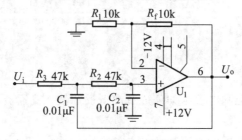

**图 13.2　二阶低通滤波器**

64

这种有源滤波器的幅频率特性为

$$\dot A = \frac{\dot U_o}{\dot U_i} = \frac{A_u}{1+(3-A_u)sCR+(sCR)^2} = \frac{A_u}{1-\left(\dfrac{\omega}{\omega_0}\right)^2 + \mathrm{j}\dfrac{1}{Q}\dfrac{\omega}{\omega_0}} \qquad (13.1)$$

式中　　$A_u = 1+\dfrac{R_f}{R_1}$——二阶低通滤波器的通带增益；

$\omega_0 = \dfrac{1}{RC}$——截止频率，它是二阶低通滤波器通带与阻带的界限频率；

$Q = \dfrac{1}{3-A_u}$——品质因数，它的大小影响低通滤波器在截止频率处幅频特性的形状。

注：式中 $s$ 代表 $\mathrm{j}\omega$。

### 2. 高通滤波器

只要将低通滤波电路中起滤波作用的电阻、电容互换，即可变成有源高通滤波器，如图 13.3 所示。其频率响应和低通滤波器是"镜像"关系。

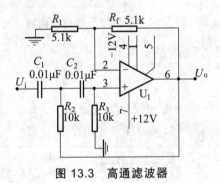

**图 13.3　高通滤波器**

这种高通滤波器的幅频特性为

$$\dot A = \frac{\dot U_o}{\dot U_i} = \frac{(sCR)^2 A_u}{1+(3-A_u)sCR+(sCR)^2} = \frac{\left(\dfrac{\omega}{\omega_0}\right)^2 A_u}{1-\left(\dfrac{\omega}{\omega_0}\right)^2 + \mathrm{j}\dfrac{1}{Q}\dfrac{\omega}{\omega_0}} \qquad (13.2)$$

式中，$A_u$、$\omega_0$、$Q$ 的意义与前同。

### 3. 带通滤波器

这种滤波电路的作用是只允许在某一个通频带范围内的信号通过，而比通频带下限频率低和比上限频率高的信号都被阻断。典型的带通滤波器可以从二阶低通滤波电路中将其中一级改成高通而成，如图 13.4 所示。它的输入输出关系为

$$\dot A = \frac{\dot U_o}{\dot U_i} = \frac{\left(1+\dfrac{R_f}{R_1}\right)\left(\dfrac{1}{\omega_0 RC}\right)\left(\dfrac{s}{\omega_0}\right)}{1+\dfrac{B}{\omega_0}\dfrac{s}{\omega_0}+\left(\dfrac{s}{\omega_0}\right)^2} \qquad (13.3)$$

中心角频率 $\qquad \omega_0 = \sqrt{\dfrac{1}{R_2 C^2}\left(\dfrac{1}{R}+\dfrac{1}{R_3}\right)}$ $\qquad\qquad$ （13.4）

频带宽 $\qquad B = \dfrac{1}{C}\left(\dfrac{1}{R}+\dfrac{2}{R_2}-\dfrac{R_f}{R_1 R_3}\right)$ $\qquad\qquad$ （13.5）

选择性 $\qquad Q = \dfrac{f_0}{B}$ $\qquad\qquad\qquad\qquad$ （13.6）

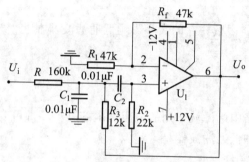

**图 13.4 典型二阶带通滤波器**

这种电路的优点是改变 $R_f$ 和 $R_1$ 的比例就可改变频带宽而不影响中心频率。

### 4. 带阻滤波器

如图 13.5 所示，这种电路的性能和带通滤波器相反，即在规定的频带内，信号不能通过（或受到很大衰减），而在其余频率范围，信号则能顺利通过。它常用于抗干扰设备中。

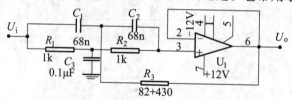

**图 13.5 二阶带阻滤波器**

这种电路的输入、输出关系为

$$\dot{A} = \frac{\dot{U}_o}{\dot{U}_i} = \frac{\left[1+\left(\dfrac{s}{\omega_0}\right)^2\right]A_u}{1+2(2-A_u)\dfrac{s}{\omega_0}+\left(\dfrac{s}{\omega_0}\right)^2} \qquad\qquad （13.7）$$

式中，$A_u = \dfrac{R_f}{R_1}$；$\omega_0 = \dfrac{1}{RC}$，由式中可见，$A_u$ 愈接近 2，$|\dot{A}|$ 愈大，即起到阻断范围变窄的作用。

## 四、实验内容

### 1. 二阶低通滤波器

如图 13.2 所示正确连接电路图，打开直流开关，取 $U_i = 1\,\text{V}$（峰-峰值）的正弦波，改变

66

其频率（接近理论上的截止频率 338 Hz 附近改变），并维持 $U_i = 1$ V（峰-峰值）不变，用示波器监视输出波形，用频率计测量输入频率，用毫伏表测量输出电压 $U_o$，记入表 13.1 中。

表 13.1 输入频率输出电压测量值

| $f$/Hz | |
|---|---|
| $U_o$/V | |

输入方波，调节频率（接近理论上的截止频率 338 Hz 附近调节），取 $U_i = 1$ V（峰-峰值），观察输出波形，越接近截止频率得到的正弦波越好，频率远小于截止频率时波形几乎不变，仍为方波。有兴趣的同学以下滤波器也可用方波作为输入，因为方波频谱分量丰富，可以用示波器更好地观察滤波器的效果。

### 2. 二阶高通滤波器

如图 13.3 所示正确连接电路图，打开直流开关，取 $U_i = 1$ V（峰-峰值）的正弦波，改变其频率（接近理论上的高通截止频率 1.6 k 附近改变），并维持 $U_i = 1$ V（峰-峰值）不变，用示波器监视输出波形，用频率计测量输入频率，用毫伏表测量输出电压 $U_o$，记入表 13.2 中。

表 13.2 输入频率输出电压测量值

| $f$/Hz | |
|---|---|
| $U_o$/V | |

### 3. 带通滤波器

如图 13.4 所示正确连接电路图，打开直流开关，取 $U_i = 1$ V（峰-峰值）的正弦波，改变其频率（接近中心频率为 1 023 Hz 附近改变），并维持 $U_i = 1$ V（峰-峰值）不变，用示波器监视输出波形，用频率计测量输入频率，用毫伏表测量输出电压 $U_o$，自拟表格记录之。理论值中心频率为 1 023 Hz，上限频率为 1 074 Hz，下限频率为 974 Hz。

（1）实测电路的中心频率 $f_0$。

（2）以实测中心频率为中心，测出电路的幅频特性。

### 4. 带阻滤波器

实验电路选定为如图 13.5 所示的双 T 形 $RC$ 网络，打开直流开关，取 $U_i = 1$ V（峰-峰值）的正弦波，改变其频率（接近中心频率为 2.34 kHz 附近改变），并维持 $U_i = 1$ V（峰-峰值）不变，用示波器监视输出波形，用频率计测量输入频率，用毫伏表测量输出电压 $U_o$，自拟表格记录之。理论值中心频率为 2.34 kHz。

（1）实测电路的中心频率。

（2）测出电路的幅频特性。

★元件分布图参考实验十运放系列模块元件分布图。

# 实验十四　集成运算放大器的基本应用
## ——电压比较器

## 一、实验目的

（1）掌握比较器的电路构成及特点。
（2）学会测试比较器的方法。

## 二、实验仪器

（1）双踪示波器；
（2）万用表。

## 三、实验原理

（1）图 14.1 所示为一个最简单的电压比较器，$U_R$ 为参考电压，输入电压 $U_i$ 加在反相输入端。图 14.1（b）为图（a）比较器的传输特性。

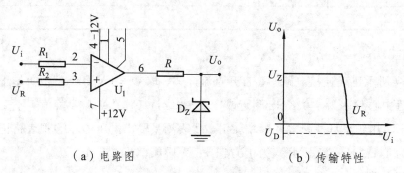

（a）电路图　　　　　　　　　　（b）传输特性

图 14.1　电压比较器

当 $U_i < U_R$ 时，运放输出高电平，稳压管 $D_Z$ 反向稳压工作。输出端电位被其箝位在稳压管的稳定电压 $U_Z$，即

$$U_o = U_Z$$

当 $U_i > U_R$ 时，运放输出低电平，$D_Z$ 正向导通，输出电压等于稳压管的正向压降 $U_D$，即 $U_o = -U_D$。

因此，以 $U_R$ 为界，当输入电压 $U_i$ 变化时，输出端反映出两种状态，高电位和低电位。

（2）常用的幅度比较器有过零比较器、具有滞回特性的过零比较器（又称 Schmitt 触发器）、双限比较器（又称窗口比较器）等。

① 图 14.2 所示为简单过零比较器。

68

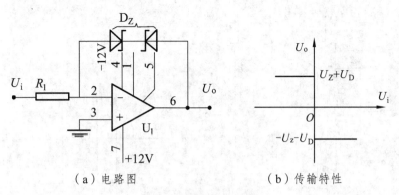

（a）电路图 （b）传输特性

**图 14.2 过零比较器**

② 图 14.3 所示为具有滞回特性的过零比较器。

过零比较器在实际工作时，如果 $U_i$ 恰好在过零值附近，则由于零点漂移的存在，$U_o$ 将不断由一个极限值转换到另一个极限值，这在控制系统中，对执行机构将是很不利的。为此，需要输出特性具有滞回现象，如图 14.3 所示。

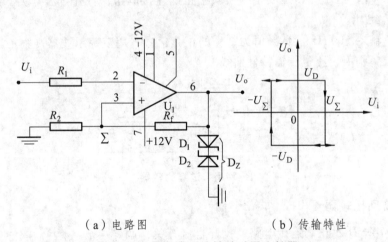

（a）电路图 （b）传输特性

**图 14.3 具有滞回特性的过零比较器**

从输出端引一个电阻分压支路到同相输入端，若 $U_o$ 改变状态，$U_\Sigma$ 点也随着改变电位，使过零点离开原来位置。当 $U_o$ 为正（记作 $U_D$），$U_\Sigma = \dfrac{R_2}{R_f + R_2} U_D$，则当 $U_D > U_\Sigma$ 后，$U_o$ 即由正变负（记作 $-U_D$），此时 $U_\Sigma$ 变为 $-U_\Sigma$。故只有当 $U_i$ 下降到 $-U_\Sigma$ 以下，才能使 $U_o$ 再度回升到 $U_D$，于是出现图 14.3（b）中所示的滞回特性。$-U_\Sigma$ 与 $U_\Sigma$ 的差别称为回差。改变 $R_2$ 的数值可以改变回差的大小。

① 窗口（双限）比较器。

简单的比较器仅能鉴别输入电压 $U_i$ 比参考电压 $U_R$ 高或低的情况，窗口比较电路是由两个简单比较器组成，如图 14.4 所示，它能指示出 $U_i$ 值是否处于 $U_R^+$ 和 $U_R^-$ 之间。

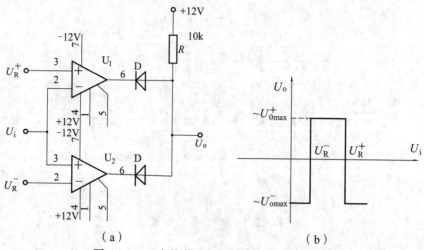

（a） （b）

图 14.4 两个简单比较器组成的窗口比较器

## 四、实验内容

### 1. 过零电压比较器

（1）如图 14.5 所示，在运放系列模块中正确连接电路，打开直流开关，用万用表测量 $U_i$ 悬空时的 $U_o$ 电压。

（2）从 $U_i$ 输入 500 Hz、峰-峰值为 2 V 的正弦信号，用双踪示波器观察 $U_i$-$U_o$ 波形。

（3）改变 $U_i$ 幅值，测量传输特性曲线。

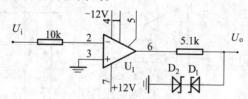

图 14.5 过零比较器

### 2. 反相滞回比较器

（1）如图 14.6 所示正确连接电路，打开直流开关，调好一个 $-4.2 \sim +4.2$ V 可调直流信号源作为 $U_i$，用万用表测出 $U_i$ 由 $+4.2 \rightarrow -4.2$ V 时 $U_o$ 值发生跳变时 $U_i$ 的临界值。

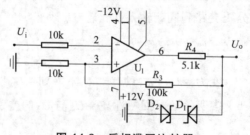

图 14.6 反相滞回比较器

（2）同上，测出 $U_i$ 由 $-4.2$ V $\rightarrow +4.2$ V 时 $U_o$ 值发生跳变时 $U_i$ 的临界值。

（3）把 $U_i$ 改为接 500 Hz、峰-峰值为 2 V 的正弦信号，用双踪示波器观察 $U_i$-$U_o$ 波形。

（4）将分压支路 100 k 电阻（$R_3$）改为 200 k（100 k + 100 k），重复上述实验，测定传输特性。

### 3. 滞回比较器

（1）如图 14.7 所示正确连接电路，参照步骤 2，自拟实验步骤及方法。

（2）将结果与步骤 2 相比较。

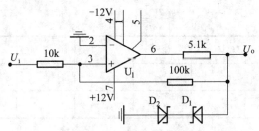

图 14.7　同相滞回比较器

### 4. *窗口比较器

参照图 14.4 自拟实验步骤和方法，测定其传输特性。

*元件分布图参考实验十运放系列模块元件分布图。

# 实验十五　电压-频率转换电路

## 一、实验目的

了解电压-频率转换电路的组成及调试方法。

## 二、实验仪器

（1）双踪示波器；

（2）万用表。

## 三、实验电路

如图 15.1 所示电路，实际上就是一个矩形波、锯齿波发生电路，只不过这里是通过改变输入电压 $U_i$ 的大小来改变波形频率，从而将电压参量转换成频率参量。

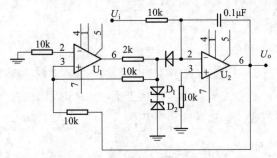

图 15.1　电压-频率转换电路

## 四、实验内容

（1）按图 15.1 所示接线，调好一个 0.5 ~ + 4.5 V 可调直流信号源作为 $U_i$ 输入。

（2）按表 15.1 的内容，测量电路的电压-频率转换关系，分别调节直流源的各种不同的值，用示波器监视 $U_o$ 波形和测量 $U_o$ 波形频率。

表 15.1

|  | $U_i$/V | 0.5 | 1 | 2 | 3 | 4 | 4.5 |
|---|---|---|---|---|---|---|---|
| 用示波器测得 | $T$/ms | | | | | | |
|  | $f$/Hz | | | | | | |

（3）作出电压-频率关系曲线，改变电容 0.1 μF 为 0.01 μF，观察波形如何变化

\*元件分布图参考实验一电源模块的直流信号源元件分布图和实验十运放系列模块元件分布图

# 实验十六　D/A、A/D 转换器

## 一、实验目的

（1）了解 A/D 和 D/A 转换器的基本工作原理和基本结构。
（2）掌握大规模集成 A/D 和 D/A 转换器的功能及其典型应用。

## 二、实验仪器

（1）双踪示波器；
（2）万用表。

## 三、实验原理

本实验将采用大规模集成电路 DAC0832 实现 D/A 转换，ADC0809 实现 A/D 转换，通过 PC 机并行口来实现转换过程。

### 1. D/A 转换器 DAC0832

DAC0832 是采用 CMOS 工艺制成的单片电流输出型 8 位数/模转换器。器件的核心部分采用倒 T 形电阻网络的 8 位 D/A 转换器，由倒 T 形 $R$-$2R$ 电阻网络、模拟开关、运算放大器和参考电压 $V_{REF}$ 四部分组成。运算的输出电压为

$$U_o = -\frac{V_{REF}R_F}{2^n R}(D_{n-1} \cdot 2^{n-1} + D_{n-2} \cdot 2^{n-2} + \cdots + D_0 \cdot 2^0) \qquad （16.1）$$

由上式可见,输出电压 $U_o$ 与输入的数字量成正比,这就实现了从数字量向模拟量的转换,数字量通过 PC 机来输入。

一个 8 位的 D/A 转换器,它有 8 个输入端,每个输入端是 8 位二进制数的一位,有一个模拟输出端,输入可有 $2^8 = 256$ 个不同的二进制组态,输出为 256 个电压之一,即输出电压不是整个电压范围内任意值,而只能是 256 个可能值。

图 16.1 所示为 DAC0832 的引脚图。

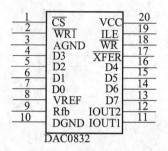

图 16.1  DAC0832 引脚图

D0 ~ D7:数字信号输入端,我们通过 PC 用软件来发送数字信号。

ILE:输入寄存器允许,高电平有效。

CS:片选信号,低电平有效。

WR1:写信号 1,低电平有效。

XFER:传送控制信号,低电平有效。

WR:写信号,低电平有效。

IOUT1,IOUT2 :DAC 电流输出端。

Rfb:反馈电阻,是集成在片内的外接运放的反馈电阻。

要注意的一点是:DAC0832 的输出是电流,要转换为电压,还必须经过一个外接的运算放大器,为了要求 D/A 转换器输出为双极性,我们用两个运放来实现,实验线路如图 16.2 所示。

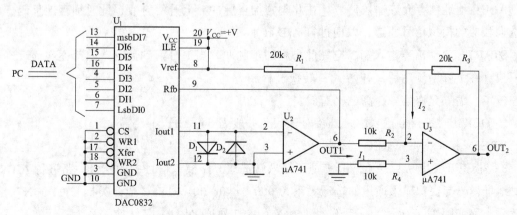

图 16.2  D/A 转换实验线路

如图 16.2 所示，单极性输出电压为

$$V_{\text{OUT1}} = -V_{\text{REF}}(\text{数字码}/256) \qquad (16.2)$$

双极性输出电压为

$$V_{\text{OUT2}} = -[(R_3/R_2)V_{\text{OUT1}} + (R_3/R_1)V_{\text{REF}}] \qquad (16.3)$$

化简得

$$V_{\text{OUT2}} = \frac{(\text{数字码} - 128)}{128} \times V_{\text{REF}} \qquad (16.4)$$

### 2. A/D 转换器 ADC0809

ADC0809 是采用 CMOS 工艺制成的单片 8 位 8 通道逐次渐近型 A/D 转换器，其引脚排列如图 16.3 所示。

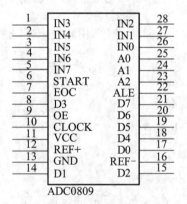

图 16.3 ADC0809 引脚图

IN0 ~ IN7：8 路模拟信号输入端。

A2、A1、A0：地址输入端。

ALE：地址锁存允许输入信号，在此脚施加正脉冲，上升沿有效，此时锁存地址码，从而选通相应的模拟信号通道，以便进行 A/D 转换。

START：启动信号输入端，应在此脚施加正脉冲，当上升沿到达时，内部逐次逼近寄存器复位，在下降沿到达后，开始 A/D 转换过程。

EOC：输入允许信号，高电平有效。

CLOCK：时钟信号输入端，外接时钟频率一般为 640 kHz。

VREF + 接 + 5 V，VREF − 接地。

8 路模拟开关由 A2、A1、A0 三地址输入端选通 8 路模拟信号中的任何一路进行 A/D 转换，地址译码与模拟输入通道的选通关系为 000→IN0，001→IN1，依此类推，111→IN7。时钟信号电路如图 16.4 所示，一旦选通通道 X（0 ~ 7 通道之一），其转换关系为：

$$\text{数字码} = V_{\text{INX}} \times \frac{256}{V_{\text{REF}}} \qquad \text{且} \qquad 0 \leqslant V_{\text{INX}} \leqslant V_{\text{REF}} = 5 \text{ V} \qquad (16.5)$$

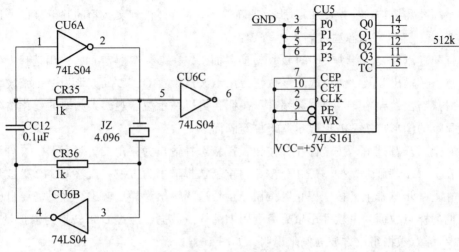

图 16.4　时钟产生电路

实验电路如图 16.5 所示。

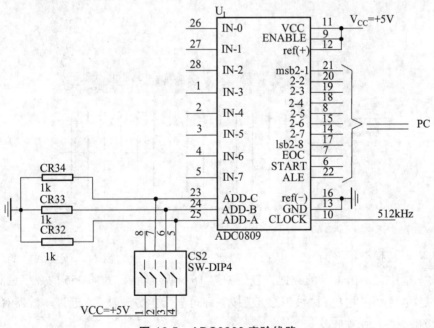

图 16.5　ADC0809 实验线路

要注意一点的是：若输入有负极性值时，需要经过运放把电压转化到有效正电压范围内。

## 四、实验内容

先在 PC 上安装数模、模数转换程序（软件见附带光盘，安装以默认方式进行，软件运行环境 CMOS 设置并行口工作模式为 EPP 方式），开启数模、模数转换程序界面。

## 1. D/A 转换

如实验箱的 D/A 模块所示，DAC0832 芯片已完成了部分连线，仅引出 VCC、$I_{out1}$、$I_{out2}$ 和 Rfb 四个插孔需要连接，按图 16.2 所示正确连线。从 PC 机到实验箱的并行接口处连接好 25 针的并行线，连接好电源输入端 $V_{CC} = 5$ V：

（1）打开直流开关，启动软件的 D/A 转换界面，先在 D/A 转换界面"输出选择"处选择正弦波，点击"输出"及"波形显示"按钮，用示波器观察 OUT2 处波形为一正弦波，改变波形频率时只需按"频率降"或"频率升"按钮，可以在示波器观察到频率的变化情况，而在界面上显示的图形需按"波形显示"来更新画面。

（2）在上一步基础上，按"停止"按钮，重新选择输出为三角波，观察 OUT2 处波形。

（3）在上一步基础上，按"停止"按钮，重新选择输出为方波，观察 OUT2 处波形。

（4）在上一步基础上，按"停止"按钮，重新选择输出为样点输出，这时需要自己来建立一个周期的样点数据，由软件送出无穷个周期的样点数据，经过 D/A 转换为模拟量输出，我们以 32 个样点数据组成方波为例来说明，如图 16.6 所示。

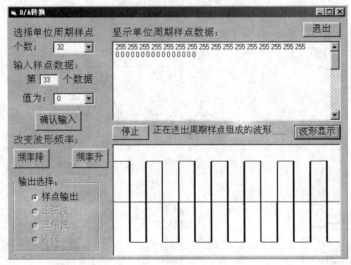

图 16.6

先输入样点数据个数据为 32，从第 1 个数据值为 255 开始输入，按"确认输入"按钮，则在显示文本框中显示出输入的数据，直到如图 16.6 所示输入 16 个 255 的数字量和 16 个 0 数字量，然后按"输出"按钮和"波形显示"按钮即可显示出方波波形，通过示波器观察 OUT2 处波形为所组成的方波波形。

（5）在步骤（4）的基础上自己设计数字量转换为模拟量，用公式（16.4）来验证转换的正确性。

## 2. A/D 转换

在 25 针并行口下方连接跳线 J3，通过连接第三列跳线可做 A/D 实验，连接 J1、J2 可做模拟可编程实验。切不可同时连接跳线，此连接跳线 J3。

见 A/D 转换模块中，针对图 16.5 所示的实验原理图，时钟信号已接好，拨码开关 CS2 控制选通信号（拨码开关 CS2 标志 2、3、4 对应连接 A2、A1、A0，向上拨时为高电平"1"，向下拨时为低电平"0"，选通 000→IN0，001→IN1，依此类推，111→IN7），$V_{CC}$ 为 + 5 V 电源输入端，只需连接好并行线和 + 5 V 电源。

（1）用直流信号源作为信号从 IN0 输入，由拨码开关选通 000→IN0，启动 A/D 转换程序，输入为 4.5 V 时按"采样数据"按钮，将得到的数据与公式（16.5）计算的数据相比较，看是否跟实际转换的一致。调节信号源使输入为 4.0 V、3.5 V、3.0 V、2.5 V、2.0 V、1.5 V、1 V 时记录所转换数字量，自拟表格记录之。

（2）由于 A/D 转换时只识别正电压值且最高不超过 + 5 V，这样我们需要处理好输入模拟量，运放模块处连接如下电路，信号源从 IN 输入一个 100 Hz 正弦波，OUT 输出连接到 IN0，用示波器观察 OUT 处波形，调节信号源和图 16.7 的 $R_4$ 使 OUT 信号幅值在有效范围，即波形峰峰值在 0 ~ 5 V。

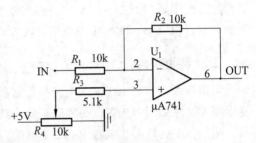

图 16.7 信号调节

启动 A/D 转换程序（请在 Win98 系统下运行该软件做实验），按"采样数据"按钮，等待数据采样完毕，然后我们通过软件处理数据，按"图形显示"按钮，对比示波器波形和采样点描绘的波形是否一致，在数据框和图形框中数据和图形样点是一一对应的，可以通过数据处理的各种按钮功能来观察转换的正确性，另外可以保存自己的数据和图形。

（3）上例是正弦波，自行设计方波、三角波的采样情况，进行 A/D 转换验证。

*A/D 转换模块、D/A 转换模块元件分布图如图 16.8 所示。

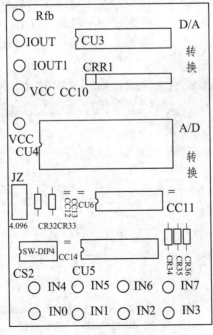

图 16.8

# 附：串行口实现 D/A、A/D 转换实验

## 一、实验原理

仍采用 DAC0832 实现 D/A 转换，ADC0809 实现 A/D 转换，通过 PC 串行口来实现转换过程。由于在做并行口 D/A 转换实验时，输出数据是实时送出的，而部分高校用的是虚拟示波器，占用了并行口，这样需要两台电脑一起来完成此实验，带来了很多不便。为此，推出了通过外配串行口 A/D、D/A 扩展板来做相同的实验，A/D、D/A 芯片的工作原理是一样的，可参考并行口 A/D、D/A 相关介绍，实验内容所涉及的公式跟前面是一致的。

## 二、实验内容

用串行线连接好 A/D、D/A 转换扩展板与 PC 机的串口，先在 PC 机安装数模模数转换安装程序（软件见附带光盘，安装以默认方式进行）。另外，由于误操作软件导致通信失败的情况，请按 A/D、D/A 扩展板 Reset 复位键。

### 1. D/A 转换

扩展板已完成了大部分连线，仅引出 VCC、GND、Iout1、Iout2 和 Rfb 五个插孔需要和主板的运放连接，按图 16.2 所示正确连线。连接好电源输入端 $V_{CC} = +5\ V$ 和共地线 GND。

（1）打开直流开关，开启数模、模数转换程序界面，点击上拉菜单"检测串口"的"设置串口"选项，出现"串口设置"对话框，选择正确的通信端口（COM1 或 COM2），按确定按钮，提示通信成功（若提示通信失败，先检查 VCC 与 GND 是否连接好，是否电源接通，若排除以上原因，可按 A/D、D/A 扩展板 Reset 复位键后再重新设置串口）。

（2）点击上拉菜单"D/A 转化"，出现"D/A 转化"界面，先在 D/A 转换界面"输出选择"处选择正弦波，点击"输出"及"波形显示"按钮后，界面显示如图 16.9 所示，用示波器观察 OUT2 处波形为一正弦波。

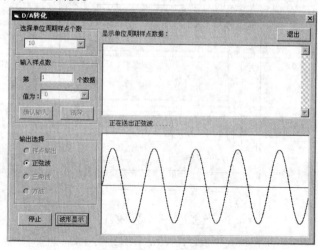

图 16.9　D/A 转化界面

（3）在上一步基础上，按"停止"按钮，重新选择输出为三角波，观察 OUT2 处波形。

（4）在上一步基础上，按"停止"按钮，重新选择输出为方波，观察 OUT2 处波形。

（5）在上一步基础上，按"停止"按钮，重新选择输出为样点输出，这时需要自己来建立一个周期的样点数据，由软件送出一个周期的样点数据，经过单片机与 D／A 转换为模拟量输出，我们以 100 个样点数据组成方波为例来说明，如图 16.10 所示。

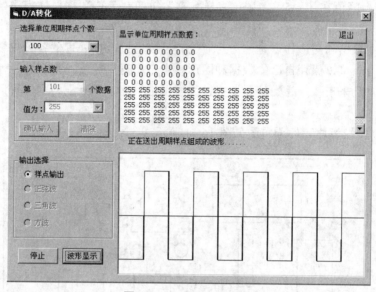

图 16.10　D/A 数据输出

先输入样点数据个数据为 100，从第 1 个数据值为 0 开始输入，按"确认输入"按钮则在显示文本框中显示出输入的数据，直到如图 16.10 所示输入 50 个 0 的数字量和 255 个 0 数字量，然后按"输出"按钮和"波形显示"按钮即可显示出方波波形，通过示波器观察 OUT2 处波形为所组成的方波波形。

（6）在步骤（5）的基础上自己设计数字量转换为模拟量，用公式（16.4）来验证转换的正确性。注意样点尽量多些，样点少了波形可能不是很好，最高样点数为 200 个。

## 2. A/D 转换

扩展板已完成了大部分连线，仅引出 IN0 ~ IN7 插孔，拨码开关 CS2 控制选通信号（拨码开关 CS2 标志 2、3、4 对应连接 A2、A1、A0，向上拨时为高电平"1"，向下拨时为低电平"0"，选通 000→IN0，001→IN1，依此类推，111→IN7），先连接好串行口接线及 A/D、D/A 转换扩展板的电源输入端 $V_{CC}$ = + 5 V 和共地线 GND。

（1）用直流信号源作为信号从 IN0 输入，由拨码开关选通 000→IN0，打开直流开关，开启数模、模数转换程序界面，点击上拉菜单"检测串口"的"设置串口"选项，出现"串口设置"对话框，选择正确的通信端口，按"确定"按钮，提示通信成功为止。

（2）点击上拉菜单"A/D 转化"，出现"A/D 转化"界面，输入为 4.5 V 时按"采样数据"按钮（通信出现异常请按 A/D、D/A 扩展板 Reset 复位键，另外，采样的数据可能有 1 ~ 2 个量纲的误差），得到数据跟公式（16.5）计算的数据比较是否跟实际转换的一致。调节信号源使输入为 4.0 V、3.5 V、3.0 V、2.5 V、2.0 V、1.5 V、1 V 时记录所转换数字量，自拟表格记录之。

（3）由于 A/D 转换时只识别正电压值且最高不超过 + 5 V，这样我们需要处理好输入模拟量，在主板上运放模块处连接图 16.7，信号源从 IN 输入一个 100 Hz 正弦波，OUT 输出连接到 IN0，用示波器观察 OUT 处波形，调节信号源和图 16.7 中的 $R_4$ 使 OUT 信号幅值在有效范围，即波形峰-峰值在 0 ~ 5 V。按"采样数据"按钮，等待数据采样完毕，然后我们通过软件处理数据，按"图形显示"按钮，对比示波器波形和采样点描绘的波形是否一致，在数据框和图形框中数据和图形样点是一一对应的，可以通过数据处理的各种按钮功能来观察转换的正确性，另外可以保存自己的数据和图形。由于串行口传输速率和芯片性能限制，采集频率要求很低，且采集数据易受外界干扰，波形不是很好，有兴趣的同学可以采集方波及三角波。

A/D、D/A 转换模块元件分布图如图 16.11 所示。

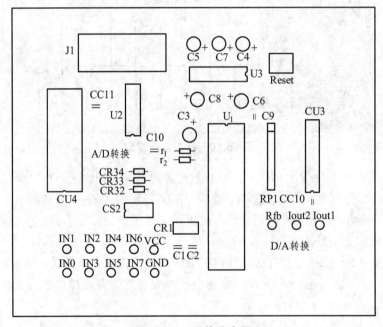

图 16.11　元件分布图

# 实验十七　低频功率放大器
## ——OTL 功率放大器

## 一、实验目的

（1）进一步理解 OTL 功率放大器的工作原理。

（2）加深理解 OTL 电路静态工作点的调整方法。

（3）学会 OTL 电路调试及主要性能指标的测试方法。

## 二、实验仪器

（1）双踪示波器；

（2）万用表；

（3）毫伏表；

（4）直流毫安表；

（5）信号发生器。

## 三、实验原理

图 17.1 所示为 OTL 低频功率放大器。其中，由晶体三极管 $T_1$ 组成推动级（也称前置放大级），$T_2$、$T_3$ 是一对参数对称的 NPN 和 PNP 型晶体三极管，它们组成互补推挽 OTL 功放电路。由于每一个管子都接成射极输出器形式，因此具有输出电阻低、负载能力强等优点，适合于作功率输出级。$T_1$ 管工作于甲类状态，它的集电极电流 $I_{C1}$ 由电位器 $R_{W1}$ 进行调节。$I_{C1}$ 的一部分流经电位器 $R_{W2}$ 及二极管 D，给 $T_2$、$T_3$ 提供偏压。调节 $R_{W2}$，可以使 $T_2$、$T_3$ 得到合适的静态电流而工作于甲、乙类状态，以克服交越失真。静态时要求输出端中点 A 的电位 $V_A = \dfrac{1}{2} V_{CC}$，可以通过调节 $R_{W1}$ 来实现，又由于 $R_{W1}$ 的一端接在 A 点，因此在电路中引入交、直流电压并联负反馈，一方面能够稳定放大器的静态工作点，同时也改善了非线性失真。

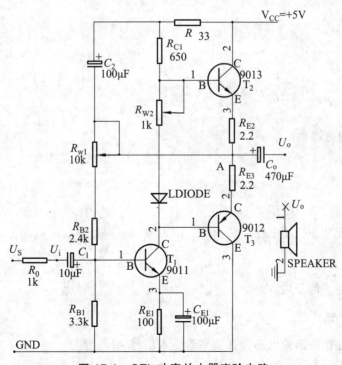

图 17.1　OTL 功率放大器实验电路

当输入正弦交流信号 $U_i$ 时，经 $T_1$ 放大、倒相后同时作用于 $T_2$、$T_3$ 的基极，$U_i$ 的负半周使 $T_2$ 管导通（$T_3$ 管截止），有电流通过负载 $R_L$（用喇叭作为负载 $R_L$，喇叭接线如下：只要把输出 $U_o$ 用连接线连接到插孔 LMTP 即可），同时向电容 $C_o$ 充电，在 $U_i$ 的正半周，$T_3$ 导通（$T_2$ 截止），则已充好电的电容器 $C_o$ 起着电源的作用，通过负载 $R_L$ 放电，这样在 $R_L$ 上就得到完整的正弦波。

$C_2$ 和 $R$ 构成自举电路，用于提高输出电压正半周的幅度，以得到大的动态范围。由于信号源输出阻抗不同，输入信号源受 OTL 功率放大电路的输入阻抗影响而可能失真，$R_o$ 作为失真时的输入匹配电阻。调节电位器 $R_{W2}$ 时影响到静态工作点 A 点的电位，故调节静态工作点采用动态调节方法。为了得到尽可能大的输出功率，晶体管一般工作在接近临界参数的状态，如 $I_{CM}$，$U_{(BR)CEO}$ 和 $P_{CM}$，这样工作时晶体管极易发热，有条件的话晶体管有时还要采用散热措施，由于三极管参数易受温度影响，在温度变化的情况下三极管的静态工作点也跟随着变化，这样定量分析电路时所测数据存在一定的误差，我们用动态调节方法来调节静态工作点，受三极管对温度的敏感性影响，所测电路电流是个变化量，我们尽量在变化缓慢时读数作为定量分析的数据来减小误差。

## ※OTL 电路的主要性能指标

### 1. 最大不失真输出功率 $P_{om}$

理想情况下 $P_{om} = \dfrac{1}{8}\dfrac{V_{CC}^2}{R_L}$，在实验中可通过测量 $R_L$ 两端的电压有效值，来求得实际的最大不失真输出功率，即

$$P_{om} = \frac{U_o^2}{R_L} \tag{17.1}$$

### 2. 效率 $\eta$

$$\eta = \frac{P_{om}}{P_E} \cdot 100\% \tag{17.2}$$

式中　$P_E$——直流电源供给的平均功率。

理想情况下 $\eta_{max} = 78.5\%$。在实验中，可测量电源供给的平均电流 $I_{dc}$（多测几次，$I$ 取其平均值），从而求得

$$P_E = V_{CC} \cdot I_{dc} \tag{17.3}$$

负载上的交流功率已用上述方法求出，因而也就可以计算实际效率了。

### 3. 频率响应

详见实验二有关部分内容。

### 4. 输入灵敏度

输入灵敏度是指输出最大不失真功率时输入信号 $U_i$ 的值。

### 四、实验内容

#### 1. 连 线

按图 17.1 所示正确连接实验电路（两个电位器需要连接，其中 A 点在实验箱功率放大模块中标为节点了，实际上 LTP2 到 LTP5 为一根导线，LTP4 和 LTP5、LTP6 和 LTP5 之间都有一个大小为 2.2 Ω 的电阻连接，注意实验箱表面原理图未画出。在做实验时需要把 LTP5 连接差动放大模块处 470 μF 电容的正极）。电源进线中串入直流毫安表（若无直流毫安表可用数字万用表代替测电流 $I$）。输出先开路。

#### 2. 静态工作点的测试

用动态调试法调节静态工作点，先使 $R_{W2} = 0$，$U_S$ 接地，打开直流开关，调节电位器 $R_{W1}$，用万用表测量 A 点电位，使 $V_A = \frac{1}{2}V_{CC}$。再断开 $U_S$ 接地线，输入端接入频率为 $f = 1$ kHz、峰峰值为 50 mV 的正弦信号作为 $U_S$，逐渐加大输入信号的幅值，用示波器观察输出波形，此时，输出波形有可能出现交越失真（注意：没有饱和和截止失真），缓慢增大 $R_{W2}$，由于 $R_{W2}$ 调节影响 A 点电位，故需调节 $R_{W1}$，使 $V_A = \frac{1}{2}V_{CC}$（在 $U_S = 0$ 的情况下测量）。从减小交越失真角度而言，应适当加大输出极静态电流 $I_{C2}$ 及 $I_{C3}$，但该电流过大，会使效率降低，所以通过调节 $R_{W2}$，一般以 50 mA 左右为宜，即测量 LTP4 和 LTP5，或 LTP6 和 LTP5 之间的电压为 110 mV 左右为宜。通过调节 $R_{W1}$ 使 $V_A = \frac{1}{2}V_{CC}$（在 $U_S = 0$ 的情况下测量）。若观察无交越失真（注意：没有饱和和截止失真）时，停止调节 $R_{W2}$ 和 $R_{W1}$，恢复 $U_S = 0$，测量各级静态工作点（在 $I_{C2}$、$I_{C3}$ 变化缓慢的情况下测量静态工作点），记入表 17.1 中。

表 17.1 $I_{C2} = I_{C3} = \qquad$ mA，$U_A = 2.5$ V

|  | $T_1$ | $T_2$ | $T_3$ |
|---|---|---|---|
| $U_B$/V |  |  |  |
| $U_C$/V |  |  |  |
| $U_E$/V |  |  |  |

注意：

① 在调整 $R_{W2}$ 时，要注意旋转方向，不要调得过大，更不能开路，以免损坏输出管。

② 输出管静态电流调好，如无特殊情况，不得随意旋动 $R_{W2}$ 的位置。

③ 在 $I_{C2}$、$I_{C3}$ 受温度变化缓慢的情况下测量静态工作点（通过测量 LTP4 和 LTP5，或 LTP6 和 LTP5 之间的电压除以 2.2 Ω 来计算 $I_{C2}$、$I_{C3}$）。

#### 3. 最大输出功率 $P_{om}$ 和效率 $\eta$ 的测试

（1）测量 $P_{om}$。

输入端接 $f = 1$ kHz、50 mV 的正弦信号 $U_S$，输出端接上喇叭即 $R_L$，用示波器观察输出电压 $U_o$ 波形。逐渐增大 $U_i$，使输出电压达到最大不失真输出，用交流毫伏表测出负载 $R_L$ 上的电压 $U_{om}$，则用下面公式计算出 $P_{om}$：

$$P_{\text{om}} = \frac{U_{\text{om}}^2}{R_{\text{L}}}$$

（2）测量 $\eta$。

当输出电压为最大不失真输出时，在 $U_{\text{S}} = 0$ 情况下，用直流毫安表测量电源供给的平均电流 $I_{\text{dc}}$（多测几次，$I$ 取其平均值），读出表中的电流值，此电流即为直流电源供给的平均电流 $I_{\text{dc}}$（有一定误差），由此可近似求得 $P_{\text{E}} = V_{\text{CC}} I_{\text{dc}}$，再根据上面测得的 $P_{\text{om}}$，即可求出 $\eta = \dfrac{P_{\text{om}}}{P_{\text{E}}}$。

### 4．输入灵敏度测试

根据输入灵敏度的定义，在步骤 2 的基础上，只要测出输出功率 $P_{\text{o}} = P_{\text{om}}$ 时（最大不失真输出情况）的输入电压值 $U_{\text{i}}$ 即可。

### 5．频率响应的测试

测试方法同实验二。测试数据记入表 17.2 中。

表 17.2    $U_{\text{i}} = \qquad$ mV

| | | | | $f_{\text{L}}$ | | | $f_{\text{o}}$ | | | $f_{\text{H}}$ | | |
|---|---|---|---|---|---|---|---|---|---|---|---|---|
| $f$ / Hz | | | | | | | 1 000 | | | | | |
| $U_{\text{o}}$ / V | | | | | | | | | | | | |
| $A_u$ | | | | | | | | | | | | |

在测试时，为保证电路的安全，应在较低电压下进行，通常取输入信号为输入灵敏度的 50%。在整个测试过程中，应保持 $U_{\text{i}}$ 为恒定值，且输出波形不得失真。

*功率放大模块元件分布图如图 17.2 所示。

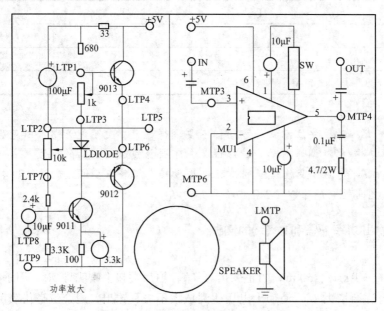

图 17.2    功率放大模块元件分布图

# 实验十八　低频功率放大器
## ——集成功率放大器

### 一、实验目的

（1）了解功率放大集成块的应用。

（2）学习集成功率放大器基本技术指标的测试。

### 二、实验仪器

（1）双踪示波器；

（2）万用表；

（3）毫伏表；

（4）直流毫安表；

（5）信号发生器。

### 三、实验原理

集成功率放大器由集成功放块和一些外部阻容元件构成。集成功放块的种类很多，本实验采用的集成功放块型号为 LM386N-1（芯片内部电路参考相关资料），由一级有源负载差分放大电路、一级有源负载共发放大器和互补推挽输出级电路等组成。管脚图如图 18.1 所示。

图 18.1　LM386 管脚图

LM386 接成典型电路如图 18.2 所示。

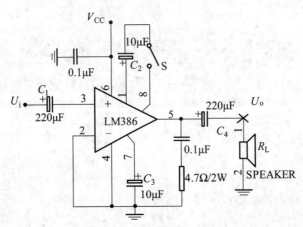

图 18.2  LM386 集成功放电路

图中  $C_2$——自举电容,与内部电路构成自举电路。当没有此电容时,电路增益为 20;加上此电容后,则增益可达 200。

$C_3$——外接去耦电容。

$V_{CC}$——供电电压取 + 5 V。

功率放大器的主要指标测试:

不失真输出功率 $P_o$:  $P_{omax} = U_o^2 / R_L$                        (18.1)

输入功率:  $P_{imax} = U_i^2 / R_i$                                (18.2)

功率增益:  $A_p = 10 \lg \dfrac{P_o}{P_i}$                            (18.3)

## 四、实验内容

对照图 18.2 所示实验电路,集成功率放大模块图如图 18.2 所示,电路基本上已经连接好,只有 IN 插孔作为信号输入端 $U_i$,OUT 为输出端,图示标注 + 5 V 插孔为电源输入端。

### 1. 静态测试

按图 18.1 所示实验电路正确连线,MTP6 接地, + 5 V 电源进线中串入万用表测电流,再接通 + 5 V 直流电源,OUT 输出悬空,打开直流开关,测量静态总电流及集成块各引脚对地电压,记入自拟表格中。

### 2. 动态测试

(1)最大输出功率。

SW 往下拨,输入端接 1 kHz、15 mV 正弦信号,用示波器观察 OUT 输出电压波形,逐渐加大输入信号幅度,使输出电压为最大不失真输出,然后输出端接喇叭(LMTP 插孔组成回路,用示波器观察最大不失真输出波形 $U_o$,用交流毫伏表测量此时的输出电压 $U_{om}$,

整理实验数据，算出最大不失真输出功率 $P_{om}$。SW 往上拨，重复前面的步骤，比较并整理实验数据。

（2）输入灵敏度。

测试方法同实验十七。

（3）频率响应。

测试方法同实验十七。

（4）*测试电压放大倍数 $A_u$、输入电阻 $R_i$，并计算出功率增益 $A_p$。

*元件分布图参见实验十七功率放大模块集成稳压元件分布图。

# 实验十九　直流稳压电源
## ——晶体管稳压电源

## 一、实验目的

（1）研究单相桥式整流、电容滤波电路的特性。

（2）掌握稳压管、串联晶体管稳压电源主要技术指标的测试方法。

## 二、实验仪器

（1）双踪示波器；

（2）万用表；

（3）毫伏表。

## 三、实验原理

### 1. 稳压管稳压实验电路

稳压管稳压实验电路如图 19.1 所示。其整流部分为单相桥式整流、电容滤波电路；稳压部分分两种情况分析：

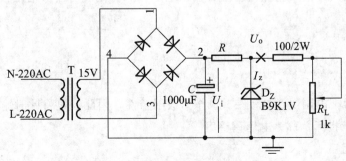

图 19.1　稳压管稳压实验电路

（1）若电网电压波动，使 $U_I$ 上升时，则

$$U_I\uparrow \rightarrow U_o\uparrow \rightarrow I_Z\uparrow\uparrow \rightarrow I_R\uparrow \rightarrow U_R\uparrow$$

$$U_o\downarrow \longleftarrow$$

（2）若负载改变，使 $I_L$ 增大时，则

$$I_L\uparrow \rightarrow I_R\uparrow \rightarrow U_o\downarrow \rightarrow I_Z\downarrow\downarrow \rightarrow I_R\downarrow \rightarrow U_R\downarrow$$

$$U_o\uparrow \longleftarrow$$

由此可知，稳压电路必须还要串接限流电阻 $R[82\ \Omega + 430\ \Omega + 120\ \Omega)/2\ W]$，根据稳压管的伏安特性，为防止外接负载 $R_L$ 时短路，则串上 $100\ \Omega/2\ W$ 电阻，保护电位器，才能实现稳压。

**2. 稳压电源的主要性能指标**

串联晶体管稳压电路如图 19.2 所示，稳压电源的主要性能指标如下：

（1）输出电压 $U_o$ 和输出电压调节范围。

$$U_o = \frac{R_7 + R_{W1} + R_8}{R_8 + R'_{W1}}(U_Z + U_{BE2}) \tag{19.1}$$

调节 $R_{W1}$ 可以改变输出电压 $U_o$。

（2）最大负载电流 $I_{cm}$。

（3）输出电阻 $R_o$。

输出电阻 $R_o$ 定义为：当输入电压 $U_I$（稳压电路输入）保持不变，由于负载变化而引起的输出电压变化量与输出电流变化量之比，即

$$R_o = \frac{\Delta U_o}{\Delta I_o}\bigg|_{U_I = 常数} \tag{19.2}$$

（4）稳压系数 S（电压调整率）。

稳压系数定义为：当负载保持不变，输出电压相对变化量与输入电压相对变化量之比，即

$$S = \frac{\Delta U_o / U_o}{\Delta U_I / U_I}\bigg|_{R_L = 常数} \tag{19.3}$$

由于工程上常把电网电压波动 $\pm 10\%$ 作为极限条件，因此，也将此时输出电压的相对变化 $\Delta U_o/U_o$ 作为衡量指标，称为电压调整率。

（5）纹波电压。

输出纹波电压是指在额定负载条件下，输出电压中所含交流分量的有效值（或峰-峰值）。

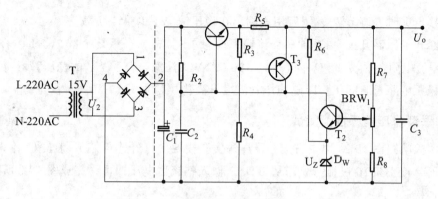

图 19.2　串联型稳压电源实验电路

## 四、实验内容

### 1. 整流滤波电路测试

在稳压源实验模块中，按图 19.3 所示连接实验电路。

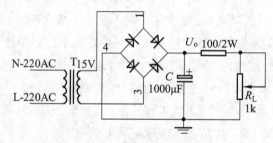

图 19.3　整流滤波电路

（1）取 $R_L = 240\ \Omega$ 不加滤波电容，打开变压器开关，用万用表测量直流输出电压 $U_o$ 及纹波电压 $\tilde{U}_o$，并用示波器观察 15 V 交流电压和 $U_o$ 波形，记入表 19.1。

（2）取 $R_L = 240\ \Omega$，$C = 1\ 000\ \mu F$，重复内容（1）的要求，记入表 19.1。

（3）取 $R_L = 120\ \Omega$，$C = 1\ 000\ \mu F$，重复内容（1）的要求，记入表 19.1。

注意：每次改接电路时，必须切断变压器电源。

表 19.1　$U_2 = 15$ V

| 绘出电路图 | $U_o$ | $\tilde{U}_o$ | $U_o$波形 |
|---|---|---|---|
| $R_L = 240\ \Omega$ | | | |
| $R_L = 240\ \Omega$<br>$C = 1\ 000\ \mu F$ | | | |
| $R_L = 120\ \Omega$<br>$C = 1\ 000\ \mu F$ | | | |

### 2. 稳压管稳压电源性能测试

（1）按图 19.1 所示正确连接实验电路，$U_o$ 在开路时，打开变压器开关，用万用表测出稳压源稳压值。

（2）接负载时，调节 $R_L$，用万用表测出在稳压情况下的最小负载。

（3）断开变压器开关，把 15 V 交流输入换为 7.5 V 输入，重复（1）、（2）内容。

注：限流电阻 $R$ 值为 82 Ω + 430 Ω + 120 Ω/2 W，注意，大于 7 V 的稳压管具有正温度系数，即在稳压电路长时间工作时随稳压管温度升高稳压值上升。

### 3. 串联型稳压电源性能测试

对照实验电路图 19.2，虚线右边在稳压源实验模块中已经连接好了，BTP13 输入，BTP15 输出，BTP14 或 BTP16 接地，只需从 BTP13 输入整流后电压即可，完成图 19.2 所示的实验电路图的连接。

（1）开路初测。

稳压器输出端负载开路，接通 15 V 变压器输出电源，打开变压器开关，用万用表电压挡测量整流电路输入电压 $U_2$（即虚线左端二极管组成的整流电路中 1 和 3 两端的电压，注仅此处用交流挡测，所测为有效值），滤波电路输出电压 $U_I$（即虚线左端二极管组成的整流电路中 2 和 4 两端的电压）及输出电压 $U_o$。调节电位器 $R_{W1}$，观察 $U_o$ 的大小和变化情况，如果 $U_o$ 能跟随 $R_{W1}$ 线性变化，这说明稳压电路各反馈环路工作基本正常。否则，说明稳压电路有故障，因为稳压器是一个深负反馈的闭环系统，只要环路中任一个环节出现故障（某管截止或饱和），稳压器就会失去自动调节作用。此时可分别检查基准电压 $U_Z$、输入电压 $U_i$、输出电压 $U_o$，以及比较放大器和调整管各电极的电位（主要是 $U_{BE}$ 和 $U_{CE}$），分析它们的工作状态是否都处在线性区，从而找出不能正常工作的原因。排除故障以后就可以进行下一步测试。同样的，断开电源，测试 7.5 V 整流输入电压时的可调范围。

（2）带负载测量稳压范围。

带负载为 100 Ω/2 W 和串联 1 k 电位器 $R_{W2}$，接通 15 V 变压器输出电源，打开变压器开关，调节 $R_{W2}$，使输出电流 $I_o = 25$ mA。再调节电位器 $R_{W1}$，测量输出电压可调范围 $U_{omin} \sim U_{omax}$。

（3）测量各级静态工作点。

在（2）测量稳压范围基础上调节输出电压 $U_o = 9$ V，输出电流 $I_o = 25$ mA，测量各级静态工作点，记入表 19.2 中。

表 19.2 $U_2 = 15$ V，$U_o = 9$ V，$I_o = 25$ mA

|  | T$_1$ | T$_2$ | T$_3$ |
|---|---|---|---|
| $U_B$/V |  |  |  |
| $U_C$/V |  |  |  |
| $U_E$/V |  |  |  |

（4）测量稳压系数 $S$。

取 $I_o = 25$ mA，按表 19.3 改变整流电路输入电压 $U_2$（模拟电网电压波动），分别测出相应的稳压器输入电压 $U_I$ 及输出直流电压 $U_o$，记入表 19.3 中。

（5）测量输出电阻 $R_o$。

取 $U_2 = 15$ V，改变 $R_{W2}$，使 $I_o$ 为空载、25 mA 和 50 mA，测量相应的 $U_o$ 值，记入表 19.4 中。

表 19.3　$I_o = 25$ mA

| $U_2$/V | $U_i$/V | $U_o$/V | 计算值 |
| | | | 测试值 |
| --- | --- | --- | --- |
| 7.5 | | | S = |
| 15 | | 9 | |

表 19.4　$U_2 = 15$ V

| 测 量 值 | | 计 算 值 |
| $I_o$/mA | $U_o$/V | $R_o$/Ω |
| --- | --- | --- |
| 空载 | | $R_{o12} =$ |
| 25 | 9 | |
| 50 | | $R_{o23} =$ |

（6）测量输出纹波电压。

纹波电压用示波器测量其峰-峰值 $U_{OPP}$，或者用毫伏表直接测量其有效值，由于不是正弦波，故有一定的误差。取 $U_2 = 15$ V，$U_o = 9$ V，$I_o = 25$ mA，测量输出纹波电压 $U_o$，记录之。

★稳压系列模块元件分布图如图 19.4 所示。

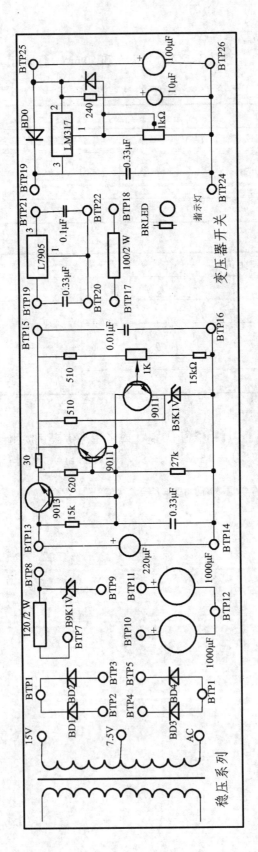

图 19.4 稳压系列模块元件分布图

# 实验二十　直流稳压电源

## ——集成稳压器

## 一、实验目的

（1）学会集成稳压器的特点和性能指标的测试方法。

（2）学会用集成稳压器设计稳压电源。

## 二、实验仪器

（1）双踪示波器；

（2）万用表；

（3）毫伏表。

## 三、实验原理

78、79 系列三端式集成稳压器的输出电压是固定的，在使用中不能进行调整。另有可调式三端稳压器 LM317（正稳压器）和 LM337（负稳压器）。

### 1. 固定式三端稳压器

图 20.1 是用三端式稳压器 7905 构成的实验电路图。滤波电容 $C$ 一般选取几百~几千微法。在输入端必须接入电容器 $C_1$（数值为 0.33 μF），以抵消线路的电感效应，防止产生自激振荡。输出端电容 $C_o$（0.1 μF）用以滤除输出端的高频信号，改善电路的暂态响应。

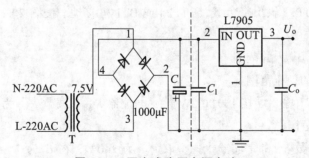

图 20.1　固定式稳压电源电路

### 2. 可调式三端稳压器

图 20.2 所示为可调式三端稳压电源电路，可输出连续可调的直流电压，其输出电压范围为 1.25 ~ 37 V，最大输出电流为 1.5 A，稳压器内部含有过流、过热保护电路。$C_1$、$C_2$ 为滤波电容；$D_1$ 为保护二极管，以防稳压器输出端短路而损坏集成块。

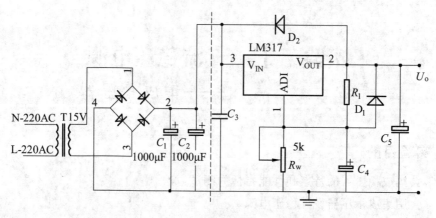

图 20.2　可调集成稳压电源电路

## 四、实验内容

### 1. 固定稳压电源电路测试

针对实验电路图 20.1，在虚线右边稳压部分已在稳压系列模块连好线，只需从 BTP19 输入滤波后的电压，BTP21 输出带负载，BTP20 或 BTP22 接地。按图 20.1 所示正确连接电路，打开变压器开关后：

（1）开路时用万用表测出稳压源稳压值。

（2）接负载（在 $U_o$ 输出端接上 100/2W + 1 k 电位器 $R_{W1}$）时，调节 $R_L$，用万用表测出在稳压情况下的 $U_o$ 变化情况。

### 2. 可调稳压电源电路测试

针对实验电路图 20.2，在虚线右边稳压部分已在稳压系列模块连好线，只需从 BTP23 输入滤波后的电压，BTP25 输出带负载，BTP24 或 BTP26 接地。按图 20.2 所示正确连接电路，打开变压器开关后：

（1）观察输出电压 $U_o$ 的范围。

① 开路情况下的稳压范围

② 带负载（在 $U_o$ 输出端接上 100/2W + 1k 电位器 $R_{W1}$）调节 $R_{W1}$ 为 240 Ω时，调节 $R_W$，观察输出电压 $U_o$ 的范围。

（2）测量稳压系数 $S$，参考实验十九，取 $R_{W1}$ 为 240 Ω，在 $U_i$ 为 7.5 V 和 15 V 时求出 $S$。

（3）测量输出电阻 $R_0$，参考实验十九。

（4）测量纹波电压，参考实验十九。

（2）、（3）、（4）的测试方法同实验十九，把测量结果记入自拟表格中。

### 3. *针对所学和实际调试情况，自己设计一个固定稳压正电源和可调稳压负电源

*元件分布图参见实验十九稳压系列模块元件分布图。

94

# 实验二十一　晶闸管可控整流电路

## 一、实验目的

（1）学习单结晶体管和晶闸管的简易测试方法。

（2）熟悉单结晶体触发电路（阻容移相桥触发电路）的工作原理及调试方法。

（3）熟悉用单结晶体管电路控制晶闸管调压电路的方法。

## 二、实验仪器

（1）双踪示波器；

（2）万用表；

（3）毫伏表。

## 三、实验原理

可控整流电路的作用是把交流电变换为电压值可以调节的直流电。图 21.1 所示为单相半控桥式整流实验电路。主电路由负载 LED（发光二极管）和晶闸管 $T_1$ 组成，触发电路为单结晶体管 $T_2$ 及一些阻容元件构成的阻容移相桥触发电路。改变晶闸管 $T_1$ 的导通角，便可调节主电路的可控输出整流电压（或电流）的数值，这点可由负载发光二极管的亮度变化看出。晶闸管导通角的大小决定于触发脉冲的频率 $f$，由公式

$$f = \frac{1}{RC\ln\left(\dfrac{1}{1-\eta}\right)} \tag{21.1}$$

可知，当单结晶体管的分压比 $\eta$（一般在 $0.5 \sim 0.8$）及电容 $C$ 值固定时，则频率 $f$ 大小由 $R$ 决定，因此，通过调节电位器 $R_W$，便可以改变触发脉冲频率，主电路的输出电压也随之改变，从而达到可控调压的目的。

用万用电表的电阻挡可以对单结晶体管和晶闸管进行简易测试。

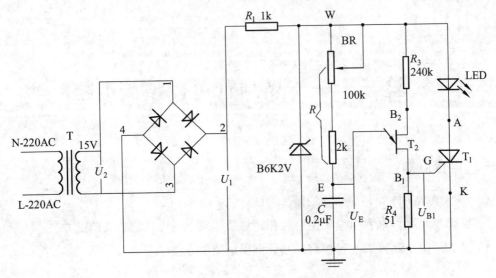

**图 21.1　单相半控桥式整流实验电路**

图 21.2 所示为单结晶体管 BT33 管脚排列、结构图及电路符号。好的单结晶体管 PN 结正向电阻 $R_{\mathrm{EB1}}$、$R_{\mathrm{EB2}}$ 均较小，且 $R_{\mathrm{EB1}}$ 稍大于 $R_{\mathrm{EB2}}$，PN 结的反向电阻 $R_{\mathrm{B1E}}$、$R_{\mathrm{B2E}}$ 均应很大，根据所测阻值，即可判断出各管脚及管子的质量优劣。

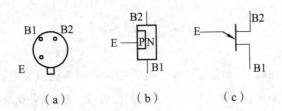

（a）　　　　（b）　　　　（c）

**图 21.2　单结晶体管 BT33 管脚排列、结构图及电路符号**

图 21.3 所示为晶闸管 3CT3A 管脚排列、结构图及电路符号。晶闸管阳极（A）—阴极（K）及阳极（A）—门极（G）之间的正、反向电阻 $R_{\mathrm{AK}}$、$R_{\mathrm{KA}}$、$R_{\mathrm{AG}}$、$R_{\mathrm{GA}}$ 均很大，而 G—K 之间为一个 PN 结，PN 结正向电阻应较小，反向电阻应很大。

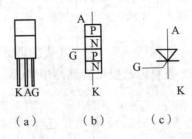

（a）　　　　（b）　　　　（c）

**图 21.3　晶闸管管脚排列、结构图及电路符号**

## 四、实验内容

### 1. 单结晶体管的简易测试

用万用表分别测量 EB1、EB2 间正、反向电阻，记入表 21.1 中。

表 21.1 单结晶体管测试值

| $R_{EB1}/\Omega$ | $R_{EB2}/\Omega$ | $R_{B1E}/k\Omega$ | $R_{B2E}/k\Omega$ | 结论 |
|---|---|---|---|---|
|  |  |  |  |  |

### 2. 晶闸管的简易测试

用万用电表 $R\times1k$ 挡分别测量 A—K、A—G 间正、反向电阻；用 $R\times10\ \Omega$ 挡测量 G—K 间正、反向电阻，记入表 21.2 中。

表 21.2 晶闸管的测试值

| $R_{AK}/k\Omega$ | $R_{KA}/k\Omega$ | $R_{AG}/k\Omega$ | $R_{GA}/k\Omega$ | $R_{GK}/k\Omega$ | $R_{KG}/k\Omega$ | 结论 |
|---|---|---|---|---|---|---|
|  |  |  |  |  |  |  |

### 3. 晶闸管导通，关断条件测试

（1）在晶闸管整流电路模块中，晶闸管和发光二极管如图 21.4 所示连接，即 BTP35 接 + 12 V，BTP36 接插孔 A，插孔 K 接地，插孔 G 接 DTP8（100 Ω），DTP12 接 + 5 V，打开直流开关。

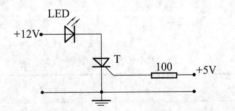

图 21.4 晶闸管导通、关断条件测试

① DTP12 悬空（开路）时观察管子是否导通（导通时亮，关断时发光二极管熄灭）；

② DTP12 加 5 V 正向电压，观察管子是否导通；

③ 管子导通后，在去掉 DTP12 的 + 5 V 门极电压和反接门极电压（DTP12 接 – 5 V）的情况下，观察管子是否继续导通。

（2）晶闸管导通后：

① 去掉 BTP35 的 + 12 V 阳极电压，观察管子是否关断（导通时发光二极管亮，关断时发光二极管熄灭）；

② 反接阳极电压（BTP35 接 – 12 V），观察管子是否关断。

97

## 4．晶闸管可控整流电路

在晶闸管整流电路模块中，BTP35、BTP36 为灯泡的两端连接插孔，按图 21.1 正确连接实验电路。切记电容 $C$ 大小为 0.2 μF，需要在 BTP30 与 BTP33 之间并联 0.1 μF 的电容。

（1）单结晶体管触发电路。

① 断开主电路（把发二极管取下），接通变压器开关，测量 $U_2$ 值。用示波器依次观察并记录交流电压 $U_2$、整流输出电压 $U_I$（I-0）、削波电压 $U_W$（W-0）、锯齿波电压 $U_E$（E-0）、触发输出电压 $U_{B1}$（B1-0）。记录波形时，注意各波形间对应关系，并标出电压幅度。记入表 21.3 中。

② 改变移相电位器 $R_W$ 阻值，观察 $U_E$ 及 $U_{B1}$ 波形的变化及 $U_{B1}$ 的移相范围（最小到最大脉冲宽度即占空比范围），记入表 21.3 中。

表 21.3　各电压量测值

| $U_2$ | $U_I$ | $U_W$ | $U_E$ | $U_{B1}$ | 移相范围 |
|---|---|---|---|---|---|
|  |  |  |  |  |  |

（2）可控整流电路。

断开变压器电源，接入负载二极管 BLED2，再接通变压器电源，调节 100 k 电位器，使发光二极管由暗到中等亮，再到最亮，用示波器观察晶闸管两端电压 $U_{T1}$（A-K）、负载两端电压 $U_L$ 波形，并用万用表测量交流压降 $U_{T1}$、负载直流电压 $U_L$ 及变压器交流电压 $U_2$ 有效值，记入表 21.4 中。

表 21.4　各电压量测值

|  | 暗 | 较亮 | 最亮 |
|---|---|---|---|
| $U_L$ 波形 |  |  |  |
| $U_{T1}$ 波形 |  |  |  |
| $U_L$/V |  |  |  |
| $U_2$/V |  |  |  |

*晶闸管整流电路元件分布图如图 21.5 所示。

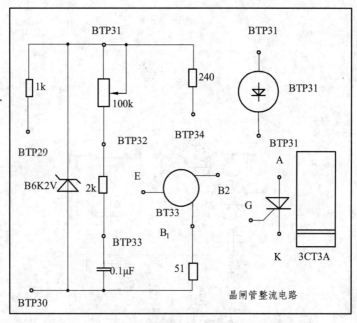

图 21.5

# 实验二十二　综合应用实验
## ——控温电路

## 一、实验目的

（1）学习用各种基本电路组成实用电路的方法。

（2）学会系统测量和调试。

## 二、实验仪器

（1）万用表；

（2）温度计。

## 三、实验原理

### 1. 介绍电路

实验电路如图 22.1 所示，它是由负温度系数电阻特性的热敏电阻（NTC 元件）$R_t$ 为一臂组成测温电桥，其输出经测量放大器（A1、A2、A3 组成），放大后由滞回比较器输出"加热"（灯亮）与"停止"（灯息）。改变滞回比较器的比较电压 $U_R$ 即改变控温的范围，而控温的精度则由滞回比较器的滞环宽度确定。$R_t$ 和 100/2 W 捆绑在一起。

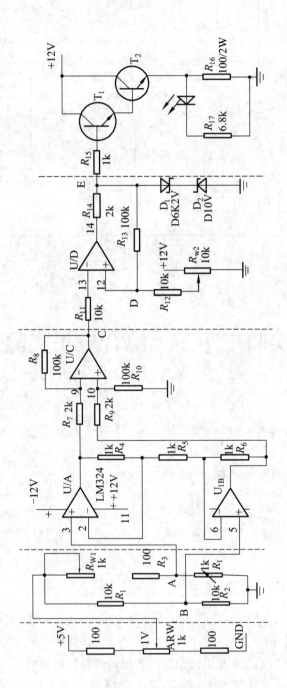

图 22.1 控温实验电路

### 2. 控制温度的标定

首先确定控制温度的范围。设控温范围的 $t_1 \sim t_2(^\circ C)$，标定时将 NTC 元件 $R_t$ 置于恒温槽中，使恒温槽温度为 $t_1$，调整 $R_{W1}$ 使 $U_C = U_D$，此时的 $R_W$ 位置标为 $t_1$，同理可标定 $t_2$ 的位置。根据控温精度要求，可在 $t_1 \sim t_2$ 标作若干点，在电位器 $R_{W1}$ 上标注相应的温度刻度即可。若 $R_{W1}$ 调不到所要求值，则应改变 $R_3$ 或 $R_{W1}$ 的阻值。控温电路工作时只要将 $R_{W1}$ 对准所要求温度，即可实现恒温控制。由于不具备恒温槽条件，此实验仅模拟恒温控制的原理，对精度要求不高，另外受 NTC 元件限制只能升温，不能制冷，但原理是一样的。我们调节 $R_{W1}$ 的 $t_1$（室温）和 $t_2$（$U_{AB} = 30$ mV）进行比较、调试和原理说明。

### 3. 实验电路分析

实验中的加热装置用一个 100 Ω/2W 的电阻模拟，将此电阻靠近 $R_t$ 即可，调节 $R_{W2}$，使 $U_R = 4$ V，当调节 $R_{W1}$ 由最大值逐渐减小到灯亮和灯熄临界状态时为 $t_1$，根据滞回比较器的传输特性，$U_C = U_D$，此时 100 Ω/2 W 电阻的温度就是当前室温，不用测量温度可用手感觉到，调节到 $t_2$ 情况下，经过仪器放大器输出 $|U_C|$ 很大，根据滞回比较器的传输特性，$U_E$ 为正稳压值，复合管起放大作用，向 100 Ω/2 W 电阻开始加热，灯亮。此时 $R_t$ 随电阻温度的增加而阻值减小，$U_A$ 逐渐逼近 $U_B$ 值，$|U_C|$ 逐渐减小到 $U_C < U_D$ 时灯熄，$U_E$ 为负稳压值，这样停止加热，$R_t$ 值增加，$|U_C|$ 增加到加热的情况，这样灯亮灯熄变化，保持在 $U_C = U_D$ 的附近加热和停止，控制电阻温度在 $t_2$ 值不变，达到了恒温控制的目的。

## 四、实验内容

### 1. 系统性能测试

在实验箱恒温控制模块中，令输入端 B 点接地，A 点引入 0 V 直流信号源，$U_J$ 左边的电源插孔接入 + 12 V 和 – 12 V 电源（不要接反电源，以免损坏芯片），$C_o$ 与 $C_i$ 连接，连接好电位器 $R_{W2}$（中间触点接 UTP3，两端分别接 + 12 V 和地），打开直流开关，调节 $R_{W2}$，恒使 UTP3 输入电压为 4 V。用万用表检测 $C_o$ 或 $C_i$ 点电压，并用示波器观察 $E_0$ 点电位，当缓慢改变 A 点电压及其极性时，分别记录使 $E_0$ 点电位发生正跳变和负跳变的 $U_C$ 值，并由此画出滞回特性曲线。

### 2. 电压放大倍数的测量

在步骤 1 连线的基础上，断开 $C_o$ 与 $C_i$ 的连接，调节 A 点输入电压，使 $U_{AB} = 30$ mV，测量 $C_o$ 处电压 $U_C$ 值，计算测量放大器的电压放大倍数。

### 3. 系统调试

如图 22.1 所示，在实验原理分析中，由于一旦加热即热敏电阻很快变化，这样 A 点的电位是动态变化的，因此，为了达到我们所要求的恒温控制过程，要先在不加热的情况下调整好一个恒温值，我们设为 $t_2$（如原理说明一致，即 $U_{AB} = 30$ mV，由于热敏电阻为负温差特性，随室温不同，其阻值是变化的，在冬天热敏电阻阻值比较大，在热天热敏电阻阻值很小，为

了使 $U_{AB}$ 的值能调节到 30 mV，则相应改变 $R_3$ 的阻值来调节 $U_{AB}$，设室温情况下热敏电阻值为 $R_t$，调节电阻值为 $R_3$，电位器最大阻值为 $R_{W1}$，则它们之间的关系为：$R_3 < R_t \leq R_{W1} + R_3$）来系统调试。

（1）在实验箱中按照实验原理图 22.1 所示电路正确接线，开始接直流信号源到电桥电路，C、E 点即是 $C_o$ 与 $C_i$、$E_o$ 与 $E_i$ 相连点，我们先连接 $C_o$ 与 $C_i$，已把热敏电阻和功率源捆绑在一起，接在 UJ 插座上，黑色线为公共端相对 J1 插孔输出（即 J1 接地），白色线为热敏电阻输入端相对 J2 输入（即 A 插孔连接到 J2），红色线为功率源输入端相对 J3 输入（即 UTP10 连接到 J3）；UJ 左边的电源插孔接入 + 12 V 和 – 12 V 电源，除了 $E_o$ 与 $E_i$ 不连接，UJ 右边 + 12 V 电源插孔不接外，将图 22.1 所示所有连线连接完毕。

（2）打开直流开关，调节直流信号源 ARW1，使接入电桥的电压为 1 V（用万用表监测），调节 $R_{W2}$，使 UTP3 恒为 4 V，调节 $R_{W1}$ 为 $t_2$（$U_{AB}$ = 30 mV）后，连接 $E_o$ 与 $E_i$，UJ 右边 + 12 V 电源插孔接入 + 12 V，电路构成如图 22.1 所示的闭环控温系统，用万用表测量 A、C、D、E 点各电压变化情况，列表记录数据，并结合数据分析恒温控制的工作过程。

（3）用万用表测量灯亮（"加热"）与灯熄（"停止"）临点时 $C_o$ 或 $C_i$ 的电压值，绘制出滞回比较器的特性曲线。

### 4.*控温过程的测试

条件允许，试按表 21.1 要求，重复步骤 3，记录整定温度下的升温和降温时间及用温度计测量出大概温度值。

**表 22.1　温升实验数据**

| 整定恒温值 | $R_{W1}$ 值/Ω | 升温时间/s | 降温时间/s |
|---|---|---|---|
| $t =$ | 500 | | |

*恒温控制模块元件分布图如图 22.2 所示。

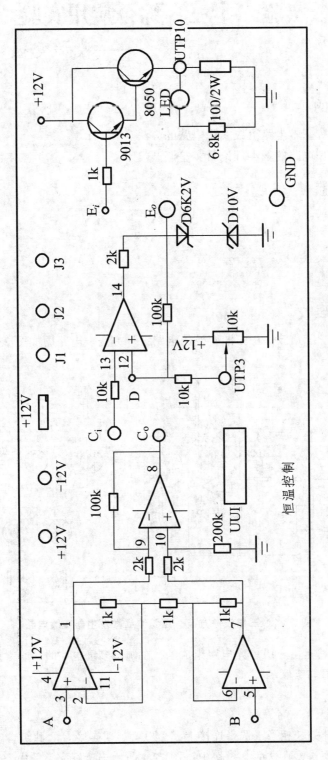

图 22.2 恒温控制模块元件分布图

# 实验二十三 综合应用实验

## ——波形变换电路

### 一、实验目的

（1）学习用各种基本电路组成实用电路的方法。

（2）进一步掌握电路的基本理论及实验调试技术。

### 二、实验仪器

（1）双踪示波器；

（2）万用表；

（3）毫伏表；

（4）频率计。

### 三、实验原理

我们采用方波—三角波—正弦波变换的电路设计方法。电路图如图 23.1 所示。

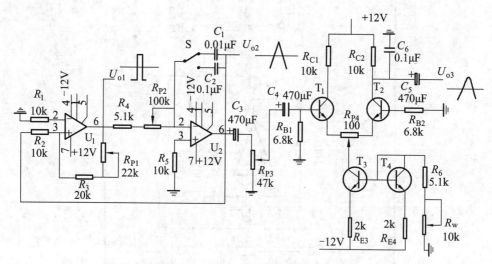

**图 23.1　三角波—方波—正弦波函数发生器实验电路**

图 23.1 所示电路是由三级单元电路组成的，在调试多级电路时，通常按照单元电路的先后顺序进行分级调试与级联。

### 四、实验内容

对照图 23.1，开关 S 相当于选择连接上哪个电容，现连接 $C_1$，此综合实验用到了运放系列模块和差动放大模块，在这两个模块中按图 23.1 所示连接好完整的电路。

### 1. 方波—三角波发生器的调试

将 $R_{P3}$ 与 $C_4$ 断开，由于比较器 U1 与积分器 U2 组成正反馈闭环电路，同时输出方波与三角波，这两个单元电路可以同时调试。先使 $R_{P1} = 10\ k\Omega$，$R_{P2}$ 取 $2.5 \sim 70\ k\Omega$ 内的任一阻值，否则电路可能会不起振。只要电路接线正确，$U_{o1}$ 输出为方波，$U_{o2}$ 为三角波。

（1）打开直流开关，用示波器监视 $U_{o1}$、$U_{o2}$ 波形，微调 $R_{P1}$，用毫伏表测量三角波的幅度范围，调节 $R_{P2}$，用频率计测量出可连续调节的频率范围。

（2）把电容 $C_1$ 换为 $C_2$，重复内容（1）。

### 2. 三角波—正弦波变换电路的调试

（1）回顾实验七差动放大器的实验内容。

（2）将 $R_{P3}$ 与 $C_4$ 连接，调节 $R_{P3}$ 使三角波的输出幅度适当，此时 $U_{o3}$ 的输出波形应接近正弦波，调整 $R_{P4}$、$R_W$，可改善正弦波波形。

### 3. 性能指标测量与误差分析

恢复好完整的电路连接图：

（1）输出波形。

用示波器观察正弦波、方波、三角波的波形，并调节好波形记录之。

（2）频率范围。

函数发生器的输出的频率范围一般分为若干波段，低频信号发生器的频率范围为：$1 \sim 10\ Hz$，$10 \sim 100\ Hz$，$100 \sim 1\ kHz$，$1 \sim 10\ kHz$，$10 \sim 100\ kHz$，$100\ kHz \sim 1\ MHz$ 六个波段，测出本实验函数发生器可输出哪几个波段。

（3）输出电压。

输出电压一般指输出波形的峰-峰值，用示波器测量出各种波形的最大峰-峰值。

（4）*波形特性。

表征正弦波特性的参数是非线性失真系数（一般要求小于 3%），表征三角波特性的参数也是非线性失真系数（一般要求小于 2%）。表征方波特性的参数是上升时间，一般要求小于 100 ns（1 kHz，最大输出时）。若有失真度测试仪可以测试一下失真系数。

*元件分布图参见实验十运放系列模块元件分布图和实验七差动放大模块元件分布图。


# 实验二十四　超外差收音机的组装与调试


## 一、实验目的

（1）进行焊接训练，逐步提高使用电烙铁的能力与水平。

（2）认识收音机工作的基本原理。

（3）学会调试收音机的基本方法。

## 二、实验器材

收音机套件（D9018 或 S66D）；电烙铁 1 把；镊子 1 把；松香、砂纸、导线若干。

## 三、实验原理

收音机的原理就是把从天线接收到的高频信号经检波（解调）还原成音频信号，送到耳机变成音波。由于广播事业发展，天空中有了很多不同频率的无线电波。如果把这许多电波全都接收下来，音频信号就会像处于闹市之中一样，许多声音混杂在一起，结果什么也听不清。为了设法选择所需要的节目，在接收天线后，有一个选择性电路，它的作用是把所需的信号（电台）挑选出来，并把不要的信号"滤掉"，以免产生干扰，这就是我们收听广播时，所使用的"选台"按钮。选择性电路的输出是选出某个电台的高频调幅信号，利用它直接推动耳机（电声器）是不行的，还必须把它恢复成原来的音频信号，这种还原电路称为解调，把解调的音频信号送到耳机，就可以收到广播。

上面所讲的是最简单的收音机，称为直接检波机，但从接收天线得到的高频天线电信号一般非常微弱，直接把它送到检波器不太合适，最好在选择电路和检波器之间插入一个高频放大器，把高频信号放大。即使已经增加高频放大器，检波输出的功率通常也只有几毫瓦，用耳机听还可以，但要用扬声器就嫌太小，因此在检波输出后增加音频放大器来推动扬声器。

高放式收音机比直接检波式收音机灵敏度高、功率大，但是选择性还较差，调谐也比较复杂。把从天线接收到的高频信号放大几百甚至几万倍，一般要有几级的高频放大，每一级电路都有一个谐振回路，当被接收的频率改变时，谐振电路都要重新调整，而且每次调整后的选择性和通带很难保证完全一样。为了克服这些缺点，现在的收音机几乎都采用超外差式电路。超外差的特点是：被选择的高频信号的载波频率，变为较低的固定不变的中频（465 kHz），再利用中频放大器放大，满足检波的要求，然后才进行检波。在超外差接收机中，为了产生变频作用，还要有一个外加的正弦信号，这个信号通常叫外差信号，产生外差信号的电路，习惯叫本地振荡。在收音机本振频率和被接收信号的频率相差一个中频，因此在混频器之前的选择电路，和本振采用统一调谐线，如用同轴的双联电容器（PVC）进行调谐，使之差保持固定的中频数值。由于中频固定，且频率比高频已调信号低，中放的增益可以做得较大，工作也比较稳定，通频带特性也可做得比较理想，这样可以使检波器获得足够大的信号，从而使整机输出音质较好的音频信号。

### 1. 超外差收音机原理

图 24.1 所示为调幅超外差收音机的工作原理方框图，天线接收到的高频信号通过输入电路与收音机的本机振荡频率（其频率较外来高频信号高一个固定中频，我国中频标准规定为465 kHz）一起送入变频管内混合——变频，在变频级的负载回路（选频）产生一个新频率即通过差频产生的中频（图 24.1 中 B 处），中频只改变了载波的频率，原来的音频包络线并没有改变，中频信号可以更好地得到放大，中频信号经检波并滤除高频信号（图 24.1 中 D 处）。再经低放，功率放大后，推动扬声器发出声音。

本机工作原理简述。电路如图 24.2 所示，$C_1$、$B_1$ 组成天线输入回路。$VT_1$、$B_2$、$B_1$、$C_1$ 组成变频级。$VT_1$ 为变频管。初级线圈与 $C_2$ 构成变频级负载。$C_2$、$B_2$ 组成本机振荡电路，$C_6$ 为振荡耦合电路，$VT_2$ 组成中频放大电路，$VT_3$ 为检波电路，$R_P$ 为音量电位器（带电源开关），$C_4$、$C_5$ 为高频耦合电容。$VT_4$ 为前置低频放大级、$VT_5$、$VT_6$ 组成乙类推挽功率放大器。$C_3$、$R_6$、$C_8$ 为电源波波电路。$R_1$、$R_2$、$R_3$、$R_4$、$R_5$、$R_6$、$R_7$、$R_8$、$R_9$、$R_{10}$ 为各级直流偏置电阻。

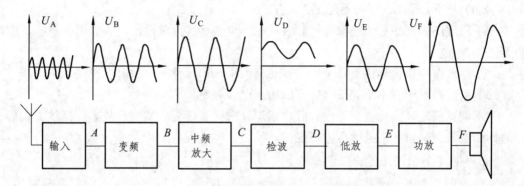

图 24.1　调幅超外差收音机的工作原理方框图

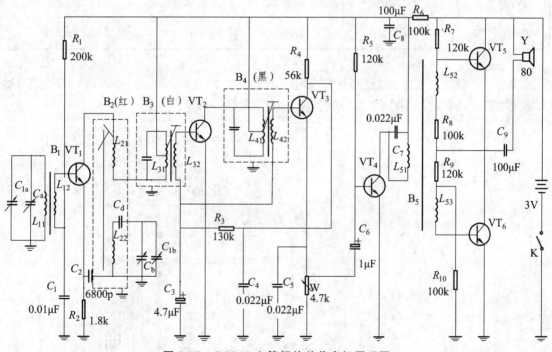

图 24.2　D9018 六管超外差收音机原理图

## 2. D9018 的电路原理

本套件为全硅管袖珍六管超外差式收音机。其主要电气性能符合 CC 类的友数规定。该机结构简单，选材、装配、调式、维修都很方便，是初级电子爱好者入门学习的理想器材。

为使初学者都能一次装配成功，请在动手装配前仔细阅读"装配说明书"。

（1）中周一套三只。黑色为振荡线圈（$B_2$），白色为第一中周（$B_3$），绿色为第二中周（$B_4$）。三只中周在出厂前均已调在规定的频率上，装好后只需微调磁芯，最大限度不能超过三分之一（中周外壳除起屏作用外，还起导线作用，所以装配时请将其接地）。

（2）晶管的$\beta$值应按要求配置，一般不要互换，否则会出现啸叫或灵敏度低等故障。

（3）低频放大管，$V_5$、$V_6$本机用 3DX201 或 9013，不得与 $V_1 \sim V_4$（3DG201、3DG8、9018 或 9011 等）弄混，否则不能正常工作。

（4）原理图中所标称值是参考值。装调时，可根据实际情况而定，以不失真、不啸叫、声音洪亮为准。

（5）原理图中所标称值是参考值。若与套件中选用元件不一致时，请灵活掌握。

（6）双连拨盘配有不干胶指示牌，以指示电台频率。

（7）调试前应仔细检查有无虚、假、错焊，有无脱锡而致使短路故障。确认无误后，请连通四个电流测试口，上电即可进行统调。

（8）三极管$\beta$值的配置，以供参考。

表 24.1　晶体管电流放大系数参考表

| $V_1$ 变频 | $V_2$ 中放 | $V_3$ 检波 | $V_4$ 低放 | $V_5$、$V_6$ 功放 |
| --- | --- | --- | --- | --- |
| $70 \leqslant \beta \leqslant 100$ | $80 \leqslant \beta \leqslant 150$ | $\beta \geqslant 20$ | $90 \leqslant \beta \leqslant 180$ | $150 \leqslant \beta \leqslant 270$ |

安装时，要注意三极管$\beta$值与偏置电阻 $R_1$、$R_3$、$R_5$ 的搭配，如三极管$\beta$值大，可适当加大偏置电阻，否则就减小电阻。印刷板电路如图 24.3 所示。

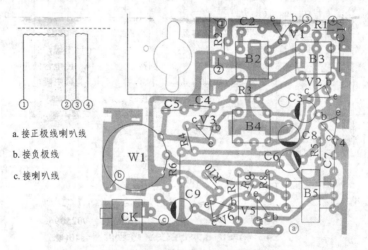

图 24.3　D9018 六管超外差收音机印刷板电路

（9）调试方法。

① 调中频，先将收音机调到低端某一台，移动天线线圈 $B_1$ 使音量最大，然后用无感起

子调节 $B_4$、$B_3$，由后级往前调节，反复调节中周磁帽，使扬声器发出的声音达到最响为止。调整完毕，用石蜡把中周的磁帽封牢，使磁帽的位置不会由于振动而发生变化。

② 调整频率范围及灵敏度，最好先装好刻度盘，将双连电容器调制到当地最低端电台 640 kHz 的位置。调节振荡器 $B_2$ 的位置，使电台的声音最大。然后将双连电容器调到当地最高端电台 1 480 kHz，调节可变电容振荡连上的微调电容，使最高端电台出现，且声音最佳。再调节可变电容输入回路的微调电容，使电台的声音更大。反复数次调整高低端电台，同时也要兼顾中段电台，直至最佳为止。用石蜡将 $B_1$ 天线线圈固定防止移动。

## 四、实验内容

### 1. 清理元器件（见表 24.2）

表 24.2　元器件表

| 名　称 | 符号及规格 | 要求判别 | 名　称 | 符号及规格 | 要求判别 |
|---|---|---|---|---|---|
| 天　线 | $B_1 \times 1$ | $R_{12} > R_{34}$ | 电　容 | $C_1$　0.01 μ ×1 | （103） |
| 振荡线圈 | $B_2$（黑）×1 | | | $C_2$　6 800p×1 | （682） |
| 中周1 | $B_3$（白）×1 | | | $C_3$　4.7 μ ×1 | 正负极充放电 |
| 中周2 | $B_4$（绿）×1 | | | $C_4$　0.01 μ ×1 | （103） |
| 变压器 | B5×1 | $R$ 初>$R$ 次 | | $C_5$　0.01 μ ×1 | （223 或 103） |
| 变频管 | $V_1$（9018）×1 | $80<\beta<100$ | | $C_6$　10 μ ×1 | 正负极充放电 |
| 中放管 | $V_2$（9018）×1 | $100<\beta<150$ | | $C_7$　0.01 μ ×1 | （103 或 223） |
| 检波管 | $V_3$（9018）×1 | $\beta>20$ | | $C_8$　100 μ ×1 | 正负极充放电 |
| 低放管 | $V_4$（9018）×1 | $100<\beta<180$ | | $C_9$　100 μ ×1 | 正负极充放电 |
| 功放管 | $V_5$（9013）×1 | $150<\beta<300$ | 双联电容 | 1 个 | |
| | $V_6$（9013）×1 | $150<\beta<300$ | 扬声器 | 0.25 W/8 Ω | |
| 电位器 | $R_P$　4.7 k×1 | 指针偏转情况 | 磁　棒 | 1 根 | |
| 电　阻 | $R_1$　200 k×1 | | 塑料套 | 1 个 | |
| | $R_2$　2 k×1 | 1.8～2.2 kΩ | 电路板 | 1 块 | |
| | $R_3$　130 k×1 | | 网　罩 | 1 片 | |
| | $R_4 \times 1$ | 24～56 kΩ | 频率盘 | 1 片 | |
| | $R_5$　120 k×1 | 100～120 kΩ | 螺丝钉 | 4 个 | |
| | $R_6$　100 ×1 | | 弹簧片 | 2 个 | |
| | $R_7$　120 ×1 | | 金属片 | 2 个 | |
| | $R_8$　100 ×1 | | 机内线 | 4 根 | |
| | $R_9$　120 ×1 | | | | |
| | $R_{10}$　100 ×1 | | | | |

C9018
或
C9013

e　c
b

## 2. 安装顺序

（1）安装中周（$B_2$、$B_3$、$B_4$）。

① 判断中周直流电阻 $R_初 = $ _____，$R_次 = $ _____，各引脚不能接地；

② 用镊子将电路板引孔适当扩大；

③ 上锡。

（2）安装变压器（$B_5$）。

① 判断初次级：$R_初 > R_次$

② 上锡。

（3）安装三极管（$V_1 \sim V_6$）。

① 判断管型（NPN 型或 PNP 型）；

② 判断电极（e、b、c 极）；

③ 用万用表测 $\beta$ 值表（选择时要求：$\beta_1 < \beta_3 < \beta_2 < \beta_4$）

④ 去电路板和三极管氧化层，上锡。

（4）安装电位器和电阻（$R_1 \sim R_{10}$）。

① 用万用表检测电位器好坏；

② 用万用表检测电阻值；

③ 元件引脚氧化层；

④ 整形，上锡。

（5）安装电容（$C_1 \sim C_9$ 和双联电容）

① 用万用表检测电解电容充放电情况；

② 判断瓷片电容值；

③ 去电路板和元件引脚氧化层；

④ 整形，上锡。

（6）安装电池盒和扬声器。

① 将弹簧片、金属片去氧化层；

② 在弹簧片、金属片上上锡，焊机内线；

③ 安装组成电池盒；

④ 用电烙铁安装扬声器。

（7）接线。

① "a" 接电源正极与扬声器正极（有 2 个 "a" 端）；

② "b" 接电源负极；

③ "c" 扬声器负极。

（8）接天线和安装磁棒。

① 判断 1、2、3、4 端（$R_{12} > R_{34}$）；

② 上锡连接各点；

③ 用塑料套安装磁棒。

### 3. 测试电流范围

（1）$V_1$ 集电极电流：0.4～0.6 mA，不在此范围调整 $R_2$ 值；

（2）$V_2$ 集电极电流：0.8～1.5 mA；

（3）$V_4$ 集电极电流：1.5～4.5 mA，不在此范围调整 $R_5$ 值；

（4）$V_6$ 射极电流：6～8 mA。

### 4. 统 调

（1）调中频。

① 调到低端（云南台），移 $B_1$ 直至音量最大，用石蜡固定；

② 用无感起子先调 $B_4$，再调 $B_3$ 磁帽，反复调节 $B_4$ 与 $B_3$ 使音量最大，石蜡封帽固定。

（2）频率范围和灵敏度调试。

① 调到低端（云南台），调 $B_2$ 磁帽直至音量最大，用石蜡固定；

② 调到高端（楚雄台），调双联电容上表面的两微调电容，反复微调调节之，直至音量最大最佳。

### 5. 安装网罩和频率盘

用 502 胶水黏合。

# 第三部分

## 在系统可编程模拟电子技术的基础知识

## 第一节  ispPAC 简介

1999 年 11 月，Lattice 公司又推出了在系统可编程模拟电路，翻开了模拟电路设计方法的新篇章。为电子设计自动化（EDA）技术的应用开拓了更广阔的前景。与数字的在系统可编程大规模集成电路（ispLSI）一样，在系统可编程模拟器件允许设计者使用开发软件在计算机中设计、修改模拟电路，进行电路特性模拟，最后通过编程电缆将设计方案下载至芯片中。在系统可编程器件可实现三种功能：① 信号调理；② 信号处理；③ 信号转换。 信号调理主要是能够对信号进行放大、衰减、滤波。信号处理是指对信号进行求和、求差、积分运算。信号转换是指能把数字信号转换成模拟信号。

目前已推出了五种器件：ispPAC10、ispPAC20、ispPAC30 、ispPAC80 和 ispPAC81。这里选用 ispPAC10、ispPAC20、ispPAC80 三种器件来说明目前模拟可编程的功能及其应用。

### 1. 硬件、配置要求

ispPAC 的开发软件为 PAC Designer，对计算机的软、硬件配置要求如下：

（1）Windows 95，98，NT；

（2）16 MB  RAM；

（3）10 MB  硬盘；

（4）Pentium CPU。

### 2. 软件的主要特征

（1）设计输入方式——原理图输入。

（2）模拟——可观测电路的幅频和相频特性。

（3）支持的器件：ispPAC10、ispPAC20、ispPAC80。

（4）内含用于低通滤波器设计的宏。

（5）能将设计直接下载。

# 第二节 在系统可编程模拟电路的结构

## 1. 在系统可编程模拟电路的可编程性能

在系统可编程模拟电路提供三种可编程性能：

（1）可编程功能：具有对模拟信号进行放大、转换、滤波的功能。

（2）可编程互联：能把器件中的多个功能块进行互联，能对电路进行重构，具有百分之百的电路布通率。

（3）可编程特性：能调整电路的增益、带宽和阈值。可以对电路板上的 ispPAC 器件反复编程，编程次数可达 10 000 次。把高集成度、精确的设计集于一片 ispPAC 器件中，取代了由许多独立标准器件所实现的电路功能。

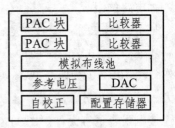

图7　ispPAC10 内部结构框图

ispPAC10 器件的结构由四个基本单元电路，模拟布线池，配置存储器，参考电压，自动校正单元和ISP接口所组成，如图 7 所示。器件用 5 V 单电源供电，如图 8 所示。基本单元电路称为 PAC 块（PACblock），它由两个仪用放大器和一个输出放大器所组成，配以电阻、电容构成一个真正的差分输入，差分输出的基本单元电路，如图 9 所示。

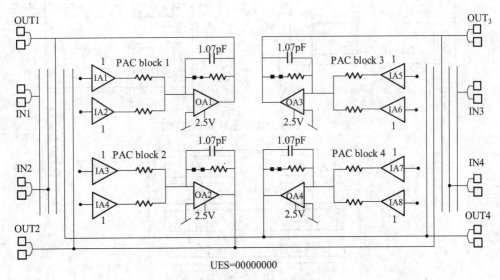

图8　ispPAC10 内部电路

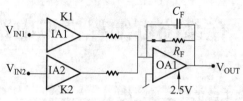

图 9  ispPAC 中的 PAC 块（PACblock）

所谓真正的差分输入、差分输出是指每个仪用放大器有两个输入端，输出放大器的输出也有两个输出端。电路的输入阻抗为 $10^9$，共模抑制比 69 dB，增益调整范围为 $-10 \sim +10$。PAC 块中电路的增益和特性都可以用可编程的方法来改变，采用一定的方法器件可配置 1～10 000 倍的各种增益。输出放大器中的电容 $C_F$ 有 128 种值可供选择。反馈电阻 $R_F$ 可以断开或连通。器件中的基本单元可以通过模拟布线池（Analog Routing Pool）实现互联，以便实现各种电路的组合。

每个 PAC 块都可以独立地构成电路，也可以采用级联的方式构成电路以实现复杂的模拟电路功能。图 10 表示了两种不同的连接方法。图 10（a）表示各个 PAC 块作为独立的电路工作，图 10（b）为四个 PAC 块级联构成一个复杂的电路。利用基本单元电路的组合可进行放大、求和、积分、滤波。可以构成低通双二阶有源滤波器和梯形滤波器，且无须在器件外部连接电阻、电容元件。图 11 为 ispPAC10 中不同的使用形式。

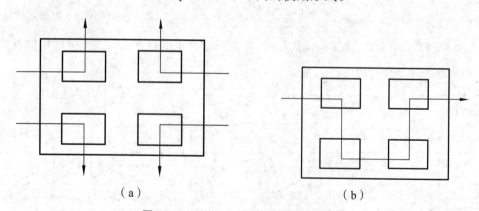

（a）                                （b）

图 10  ispPAC10 中不同的连接形式

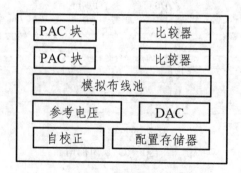

图 11  ispPAC10 中不同的使用形式

## 2. DAC PACell

这是一个 8 位电压输出的 DAC。接口方式可自由选择为：8 位的并行方式；串行 JTAG 寻址方式；串行 SPI 寻址方式。在串行方式中，数据总度为 8 位 D0 处于数据流的首位，D7 为最末位。DAC 的输出是完全差分形式，可以与器件内部的比较器或仪用放大器相连，也可以直接输出。无论采用串行还是并行的方式，DAC 的编码均为表 1 所示。如图 12 所示为 ispPAC20 内部电路。

**表 1　DAC 输出对应输入的编码**

| | Code | | Nominal Voltage | | |
|---|---|---|---|---|---|
| | DEC | HEX | Vout+/V | Vout − /V | Vout/Vdiff |
| − Full Scale ( − FS) | 0 | 00 | 1.000 0 | 4.000 0 | − 3.000 0 |
| | 32 | 20 | 1.375 0 | 3.625 0 | − 2.250 0 |
| | 64 | 40 | 1.750 0 | 3.250 0 | − 1.500 0 |
| | 96 | 60 | 2.125 0 | 2.875 0 | − 0.750 0 |
| MS − 1LSB | 127 | 7F | 2.488 3 | 2.511 7 | − 0.023 4 |
| Mid Scale (MS) | 128 | 80 | 2.500 0 | 2.500 0 | 0.000 0 |
| MS + 1LSB | 129 | 81 | 2.511 7 | 2.488 3 | 0.023 4 |
| | 160 | A0 | 2.875 0 | 2.125 0 | 0.750 0 |
| | 192 | C0 | 3.250 0 | 1.750 0 | 1.500 0 |
| | 224 | E0 | 3.625 0 | 1.375 0 | 2.250 0 |
| + Full Scale ( + FS) | 255 | FF | 3.988 3 | 1.011 7 | 2.976 6 |
| LSB Step Size | | | × + 0.011 7 | × + 0.011 7 | 0.023 4 |
| + FS + 1LSB | | | 4.000 0 | 1.000 0 | 3.000 0 |

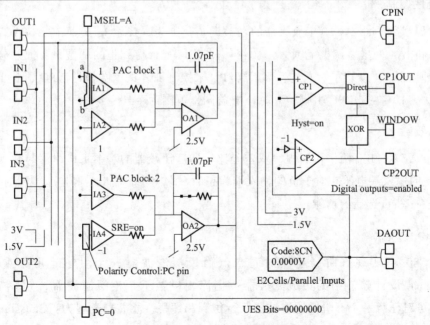

**图 12　ispPAC20 内部电路**

### 3. 多路输入控制

ispPAC20 中有两个 PAC 块，它的结构与 ispPAC10 基本相同，但增加了一个多路输入控制端，如图 13 所示。通过器件的外部引脚 MSEL 来控制，MSEL 为 0 时，A 连接至 IA1；MSEL 为 1 时，B 连接至 IA1。

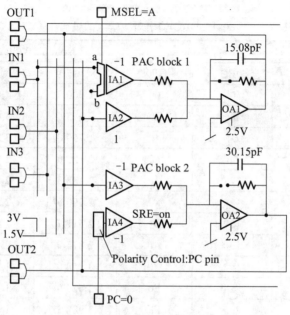

图 13　ispPAC20 中的 PAC 块

### 4. 极性控制

前面已经谈到 ispPAC10 中放大器的增益调整范围为 – 10 ~ + 10。而在 ispPAC20 中 IA1、IA2、IA3 和 IA4 的增益调整范围为 – 10 ~ – 1。实际上，得到正的增益只要把差分输入的极性反向，即乘以 – 1 就行了。通过外部引脚 PC 来控制 IA4 的增益极性。PC 引脚 1 时，增益调整范围为 – 10 ~ – 1；PC 引脚为 0 时，增益调整范围为 + 10 ~ + 1。

### 5. 比较器

在 ispPAC20 中有两个可编程，双差分比较器。比较器的基本工作原理与常规的比较器相同，当正的输入端电压相对于负的输入端为正时，比较器的输出为高电平，否则为低电平。比较器还有一些可选择的功能。

### 6. ispPAC80

ispPAC80 可实现五阶、连续时间、低通模拟滤波器，无须外部元件或时钟。在 PAC-Designer 设计软件中的集成滤波器数据库提供数千个模拟滤波器，频率范围 50 ~ 500 kHz。可对任意一个五阶低通滤波器执行仿真和编程。滤波器类型为：Gaussian、Bessel、Butterworth、Legendre、两个线性相位等纹波延迟误差滤波器（Linear Phase Equiripple Delay

Error filter），3 个 Chebyshev，12 个有不同脉动系数的 Elliptic 滤波器。

ispPAC80 内含一个增益 1、2、5 或 10 可选的差分输入仪表放大器（IA）和一个多放大器差分滤波器 PACblock，此 PACblock 包括一个差分输出求和放大器（OA）。通过片内非易失 $E^2CMOS^®$可配置增益设置和电容器值。器件配置由 PAC-Designer 软件设定，经由 JTAG 下载电缆下载到 ispPAC80。

器件的 $1×10^9$ohm 高阻抗差分输入使得有可能改进共模抑制，差分输出使得可以在滤波器之后使用高质量的电路。差分偏移和共模偏移都被修整成少于 1 mV。规定差分电阻负载最小为 300 ohm，差分电容负载 100 pF。这些数值适用于在此频率范围内的多数应用场合。此外，ispPAC80 有双存储器配置，它能为两个完全不同的滤波器保存配置。图 14 所示。

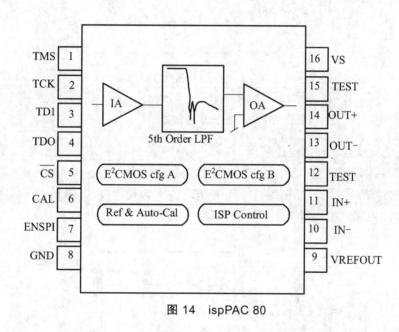

图 14　ispPAC 80

# 第三节　PAC 的接口电路

## 1. 外部接口电路

模拟信号输入至 ispPAC 器件时，要根据输入信号的性质考虑是否需要设置外部接口电路。这主要分成三种情况：

（1）若输入信号共模电压接近 $V_s/2$（＋2.5 V），则信号可以直接与 ispPAC 的输入引脚相连。

（2）倘若信号中未含有这样的直流偏置，那么需要有外部电路，如图 15 所示。

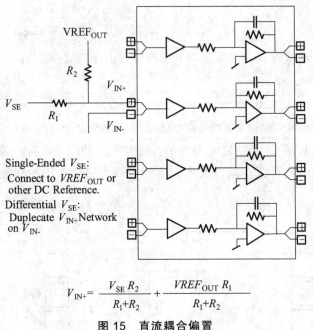

Single-Ended $V_{SE}$:
Connect to $VREF_{OUT}$ or other DC Reference.

Differential $V_{SE}$:
Duplecate $V_{IN+}$ Network on $V_{IN-}$.

$$V_{IN+} = \frac{V_{SE} R_2}{R_1 + R_2} + \frac{VREF_{OUT} R_1}{R_1 + R_2}$$

**图 15　直流耦合偏置**

（3）倘若是交流耦合，输入电压范围不在 1～4 V，外加电路如图 16 所示。此电路构成了一个高通滤波器，其截止频率为 1/（2πRC），电路给信号加了一个直流偏置。电路中的 $VREF_{OUT}$ 可以用两种方式给出。直接与器件的 $VREF_{OUT}$ 引脚相连时，电阻最小值为 200 kΩ；采用 $VREF_{OUT}$ 缓冲电路，电阻最小取值为 600 Ω。

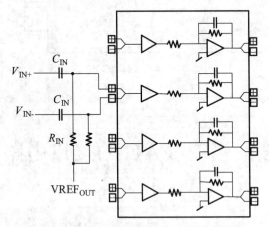

**图 16　具有直流偏置的交流偶合输入**

## 2. $VREF_{OUT}$ 缓冲电路

$VREF_{OUT}$ 输出为高阻抗，当用作参考电压输出时，要进行缓冲，如图 17 所示。注意 PAC 块的输入不连接，反馈连接端要闭合。此时输出放大器的输出为 $VREF_{OUT}$ 或 2.5 V，这样每个输出成为 $VREF_{OUT}$ 电压源，但不能将两个输出端短路。

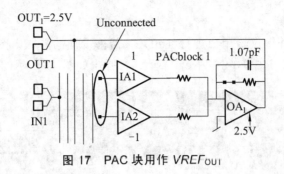

图 17　PAC 块用作 $VREF_{OUT}$

# 第四节　PAC-Designer 软件及开发实例

### 1. PAC-Designer 软件的安装

（1）PAC-Designer 软件的安装步骤。

① 打开附带的光盘 PAC-Designer 软件的根目录下：Start→ispPAC→software。

② 运行 pacd13.exe，根据提示步骤进行安装。安装完毕后重新启动计算机。

③ 如若 PC 配置不是奔腾级的，可安装 1.2 版本即运行 setup.exe，根据提示步骤进行安装，安装完毕后重新启动计算机。我们以最新的 1.3 版本 pacd13.exe 安装方式来介绍使用情况。

（2）将 PAC-Designer 软件自带的许可文件 license.dat 拷贝至 C:\PAC-Designer（假定软件安装在 C 盘）目录下。

### 2. PAC-Designer 软件的使用方法

（1）Start→Programs→Lattice Semiconductor→PAC-Designer1.3 菜单（或双击桌面 PAC-Designer 1.3 图标），进入 PAC-Designer 软件集成开发环境（主窗口），如图 18 所示。

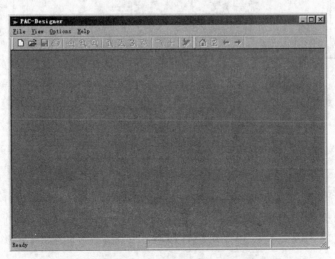

图 18　PAC-Designer 软件集成开发环境

（2）设计输入。

PAC-Designer 软件提供给用户进行 ispPAC 器件设计的是一个图形设计输入接口。在 PAC-Designer 软件主窗口中按 File→New 菜单，将弹出如图 19 所示的对话框。

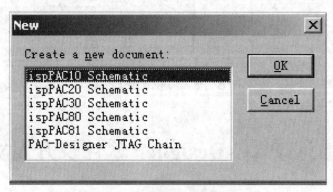

图 19　产生新文件的对话框

若所要设计的器件为 ispPAC10，则在该对话框中选择 ispPAC10 Schematic 栏，进入图 20 所示的图形设计输入环境。

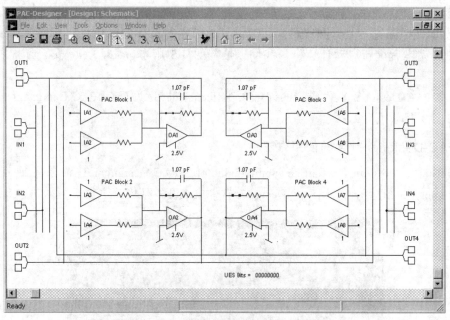

图 20　ispPAC10 图形设计输入环境

图 20 所示的图形设计输入环境中清晰地展示了 ispPAC10 的内部结构：两个输入仪用放大器（IA）和一个输出运算放大器（OA）组成的一个 PACBlock；四个 PACBlock 模块组成整个 ispPAC10 器件。因此，用户在进行设计时所需做的工作仅仅是在该图的基础上添加连线和选择元件的参数。图形设计输入环境提供了良好的用户界面，绘制原理图的大部分操作可用鼠标来完成，因此，有必要对设计过程中鼠标所处的各种状态作一简单介绍，参见表 2。

表 2　PAC-Designer 软件中鼠标的类型

| 状态类型编号 | 鼠标状态 | 功能描述 |
|---|---|---|
| ① 标准类型 | | PAC-Design 图形输入环境中的标准鼠标类型 |
| ② 位于元件上方 | | 该状态指示鼠标位于一个可编辑的元件上方。双击鼠表左键可编辑元件参数 |
| ③ 位于连接点上方 | | 该状态指示鼠标位于一个可编辑的连接点上方（尚未按鼠标时），按下鼠标左键并移动开始画连接线 |
| ④ 画一根连接线（鼠标位于一个有效的连接点上方） | | 将连线拖至一个有效的连接点上方时鼠标处于该状态。放开鼠标按钮将画上（或去除）一根连线 |
| ⑤ 画一根连接线（鼠标位于一个无效的连接点上方） | | 将连线拖至一个无效的连接点上方时鼠标处于该状态。放开鼠标按钮将取消连线操作 |
| ⑥ 选择放大区域 | | 按 View→Zoom In Select 菜单或 Zoom In Select 快速按钮可进入该状态。该状态可选择要放大的矩形区域 |

　　为了直观地介绍 PAC-Designer 的使用方法，这里举一个双二阶滤波器的设计实例贯穿整个软件使用进行介绍。该双二阶滤波器的原理图如图 21 所示。

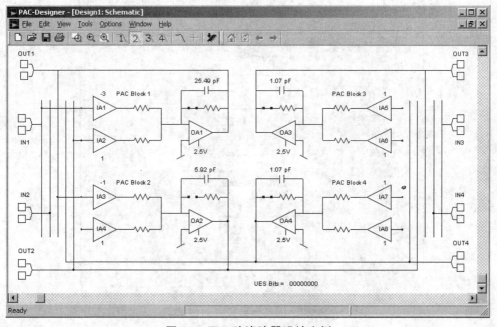

图 21　双二阶滤波器设计实例

要在图 20 的基础上完成这样一个滤波器,其步骤如下:

① 添加连线。

如先画 IN1 与 IA1 之间的连线。先将鼠标移至 IA1 的输入端,鼠标状态如表 2 中的类型③所示。按住鼠标左键将其移至 IN1 引线上,直至鼠标状态变为类型④,释放左键,连线就画上了。重复上述操作,添加所有连线。

② 编辑元件。

如先编辑元件 IA1 调整其增益。先将鼠标移至元件 IA1 的上方,鼠标状态如表 2 中的类型②所示。双击鼠标左键,弹出一个 Polarity&Gain Level 的对话框,在该菜单的滚动条中选择 – 3 后按 "OK" 钮。这样 IA1 的增益就被调整为 – 3。当然也可以用 Edit→Symbol 菜单来完成相同操作。按类似的操作步骤可完成 PACBlock 中反馈电容容值以及反馈电阻回路开断等的设定。

至此,双二阶滤波器的设计输入就完成了,按 File→Save 菜单存盘。

③ 设计仿真。

当完成设计输入后,需要对用户的设计作一下仿真,以验证电路的特性是否与设计的初衷相吻合。PAC-Designer 软件的仿真结果是以幅频和相频曲线的形式给出的。

**仿真的操作步骤如下:**

① 设置仿真参数。

按 Options→Simulator 菜单,弹出如图 22 所示的对话框。

图 22  仿真参数设置对话框

对话框中各选项的含义如表 3 所列。

表 3　Simulator Options 中各选项的含义

| 选　项 | 含　义 |
|---|---|
| Curve 1 至 4 | 仿真输出的幅频/相频特性曲线可同时显示四条不同的曲线，Curve 1 至 Curve4 四个菜单分别设定四条曲线的参数 |
| F start（Hz） | 仿真的初始频率 |
| F stop（Hz） | 仿真的截止频率 |
| Points/Decade | 绘制幅频/相频特性曲线时每 10 倍频率间隔所要计算的点数 |
| Input Node | 输入节点名，默认值为 IN1 |
| Output Node | 输出节点名，默认值为 OUT1 |
| General | 设置是否要每修改一次原理图就自动仿真的菜单 |
| Run Simulator … | 该选项在 General 菜单中，设置是否要每修改一次原理图就自动仿真 |

在本双二阶滤波器的实例中，仿真选项设置如图 22 所示。

② 执行仿真操作。

在完成仿真参数设置后即可按 Tools→Run Simulator 菜单进行仿真操作。对于本实例，仿真结果如图 23 所示。

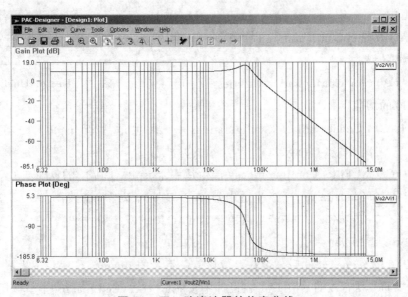

图 23　双二阶滤波器的仿真曲线

由于幅频/相频曲线为对数曲线，为减少观看时的读数误差，PAC-Designer 软件提供了十字形读数标尺的功能：选中 View→Cross Hair 菜单，将鼠标移至曲线上某一点，单击鼠标左键，及可看见便于读数用的十字形标尺。与此同时，在窗口的右下角会显示对应的频率值、幅值和相位值。

（3）器件编程。

完成设计输入和仿真操作后，最后一步工作是对 PAC 器件进行编程。ispPAC 器件的硬件编程接口电路是 IEEE1149.1—1990 定义的 JTAG 测试接口。对 ispPAC 器件编程仅需要一个标准的 + 5 V 电源和四芯的 JTAG 串行接口。有关 JTAG 操作的细节可查看 IEEE 的相关说明或 ispPAC 光盘上的数据手册中的产品细节部分。

所有编程操作需要一台 PC 和含有 ispPAC 器件的模拟电子电路实验箱，以及用于两者间通信的、连接于 PC 并行口和 ispPAC 器件 JTAG 串型接口的编程电缆一根。

在正确连接完硬件部分，+ 5 V 的单电源供电，在 25 针并行口下方通过连接 J1、J2 跳线（不可同时连接 J3）后，执行 Tools→Download 菜单即可完成整个器件编程工作。Tools→Verify 菜单是验证 ispPAC 已编程的内容是否与原理图所示的一致。Tools→Upload 菜单是将 ispPAC 中已编程的内容读出并显示在原理图中。

（4）PAC-Designer 软件的几个重要的功能。

至此，PAC-Designer 软件的重要操作流程已经介绍完毕。为了进一步熟练运用该软件，这里介绍一下该软件的其他几个重要的功能：

① Tools→Design Utilities 菜单。

该菜单具有根据用户定义的参数值自动生成满足条件的增益、双二阶、巴特沃斯（Butterworth）、切比雪夫（Chebyshev）等类型的滤波器，并可直接下载应用。

启动该菜单会产生如图 24 所示的对话框。

该对话框中有：

（a）ispPAC10 Gain Configuration Utilities——产生适用于 ispPAC10 的增益。

（b）ispPAC20 Gain Configuration Utilities——产生适用于 ispPAC20 的增益。

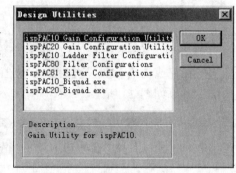

图 24　Design Utilities 对话框

（c）ispPAC10_Ladder Filter Configurations——产生适用于 ispPAC10 的巴特沃斯（Butterworth）、切比雪夫（Chebyshev）等类型的滤波器。

（d）ispPAC80/81 Filter Configurations –产生适用于 ispPAC80/81 的低通滤波器。

（e）ispPAC10_Biquad.exe——产生适用于 ispPAC10 的双二阶滤波器。

（f）ispPAC20_Biquad.exe——产生适用于 ispPAC20 的双二阶滤波器。

● File→Browse Library

安装完 PAC-Designer 软件后，会在存放该软件目录的\libarary 子目录下生成一个系列。pac 的设计源文件作为库文件，用户可在设计中按 File→Browse Libarary 菜单调用这些文件，并在此基础上改进，从而方便地完成自己的设计。用户也可将自己已有的设计文件（ *.pac）放入该目录下作为新的库文件，以备以后的设计调用。

● Edit→Security

该菜单可以用来选择设计下载至 ispPAC 器件后能否允许被读出，起加密保护作用。

### 3. ispPAC20 器件的软件的设计方法

设计输入如图 25 所示的对话框选择 ispPAC20 Schematic，点击"OK"，进入图 25 所示的图形设计输入环境。

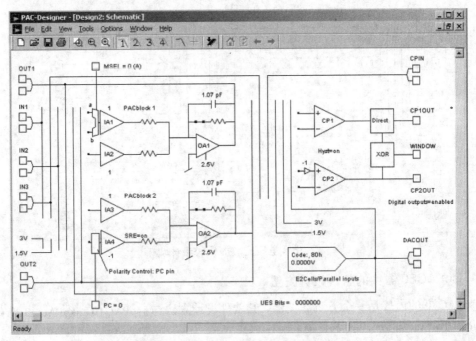

**图 25　ispPAC20 图形设计输入环境**

可以看到有两个基本单元电路 PACblock1 和 PACblock2 块。IA1 模块相当于两个运放，a、b 两通道通过实验箱上控制端 MSEL 控制，当外部插孔 MSEL 输入电平为 0 时，a 通道选通；为 1 时 b 通道选通。IA4 是多功能运放，有一个极性控制端 PC，通过外部插孔 PC 控制，也可在内部软件控制极性进行模拟仿真，方法如下：双击 PC = 0/1 处，可弹出"PC Pin Simulation Stimulus"对话框，当 PC 为 0 时，增益调整为 + 10 ~ + 1；PC 为 1 时，增益调整为 – 10 ~ – 1。还有两个比较器 CP1、CP2，有一比较器的迟滞控制 Hyst = on/off，可通过双击此处弹出"Comparator Hysteresis Control"对话框来选择开关。CP1OUT 有两种输出选择，双击"direct"处可弹出的"Comparator CP1 Buffer Control"对话框，一种直接输出，另一种用于 IA4 极性控制输入信号，相应双击"Polarity control：PC pin"弹出"IA4 Polarity Control"对话框，选择 CP1OUT 即可应用，若用外部 PC 控制极性则还原为 PC 选项。另外有一 WINDOW 输出口，有两种选择模式，双击"XOR"，可弹出"Comparator Window mode"进行选择。此外还有 DAC 模块，可以使用内部数据库，也可以使用外部的数据，数据口 D7 ~ D0 通过拨码开关来输入，通过双击"E2Cells/Parallel inputs"弹出控制画面来控制，相应连接对应插孔的电平来控制。

下面是比较器实例，它将外部 CPIN 信号（任意包含 DACOUT 幅值的正弦波信号）与 DACOUT（内部数据）比较，通过示波器可看到比较的结果（方波）。

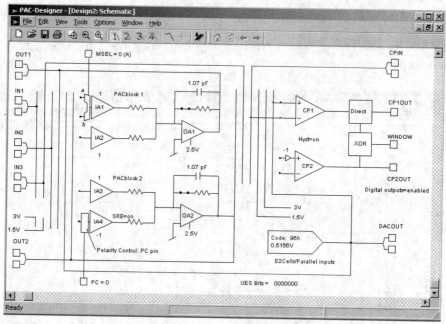

图 26　电压比较器比较设计实例

## 4. ispPAC80 器件的软件设计方法

ispPAC80 的内核是一个五阶滤波器，其软件设计方法与 ispPAC10、ispPAC20 稍有不同，现简介如下。

在图 24 "产生新文件的对话框"中，选择 ispPAC80 Schematic 栏，进入如图 27 所示的 ispPAC80 的图形设计输入环境。

每片 ispPAC80 器件可以同时存储两组不同参数的五阶滤波器配置（CfgA 和 CfgB），在进行设计前其默认值是空的（CfgA unknown，CfgB unknown），如图 27 所示。

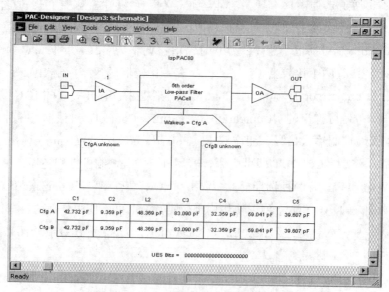

图 27　ispPAC80 图形设计输入环境

ispPAC Designer 软件含有八千多种不同类型和参数的五阶滤波器库，设计者可以调用该库，从而方便地完成设计，方法如下：先设计第一个配置（CfgA）：双击 CfgA unknown 所在的矩形框，产生如图 28 所示的五阶滤波器库。

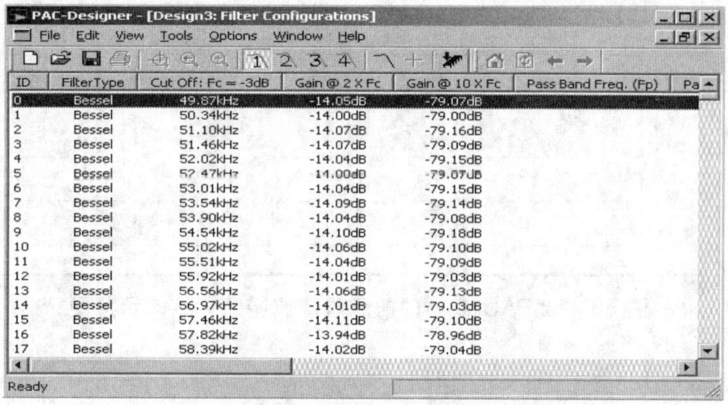

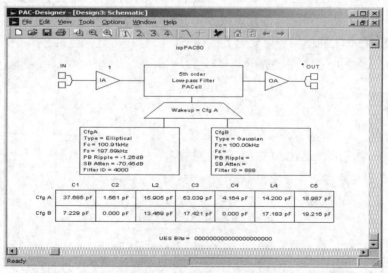

| ID | FilterType | Cut Off: Fc = -3dB | Gain @ 2 X Fc | Gain @ 10 X Fc | Pass Band Freq. (Fp) | Pa |
|---|---|---|---|---|---|---|
| 0 | Bessel | 49.87kHz | -14.05dB | -79.07dB | | |
| 1 | Bessel | 50.34kHz | -14.00dB | -79.00dB | | |
| 2 | Bessel | 51.10kHz | -14.07dB | -79.16dB | | |
| 3 | Bessel | 51.46kHz | -14.07dB | -79.09dB | | |
| 4 | Bessel | 52.02kHz | -14.04dB | -79.15dB | | |
| 5 | Bessel | 52.47kHz | -14.00dB | -79.07dB | | |
| 6 | Bessel | 53.01kHz | -14.04dB | -79.15dB | | |
| 7 | Bessel | 53.54kHz | -14.09dB | -79.14dB | | |
| 8 | Bessel | 53.90kHz | -14.04dB | -79.08dB | | |
| 9 | Bessel | 54.54kHz | -14.10dB | -79.18dB | | |
| 10 | Bessel | 55.02kHz | -14.06dB | -79.10dB | | |
| 11 | Bessel | 55.51kHz | -14.09dB | -79.09dB | | |
| 12 | Bessel | 55.92kHz | -14.01dB | -79.03dB | | |
| 13 | Bessel | 56.56kHz | -14.06dB | -79.13dB | | |
| 14 | Bessel | 56.97kHz | -14.01dB | -79.03dB | | |
| 15 | Bessel | 57.46kHz | -14.11dB | -79.10dB | | |
| 16 | Bessel | 57.82kHz | -13.94dB | -78.96dB | | |
| 17 | Bessel | 58.39kHz | -14.02dB | -79.04dB | | |

图 28　五阶滤波器库

该库中含有各种不同类型的滤波器，如巴塞尔滤波器（Bessel）、线性滤波器、高斯滤波器（Gaussian）、巴特沃斯滤波器（Butterworth）、椭圆滤波器等，每种类型的滤波器根据其参数值的不同，又分为不同的具体型号，共计 8 244 种。

根据设计要求选定一种滤波器，如第 4001 种（ID 号为 4000）的椭圆滤波器，双击该 ID 号，将该种滤波器拷贝进 ispPAC80 的第一组配置 Configuration A 中。同样可再选一种滤波器并将其拷贝进 Configuration B 中。这时，图 27 中的 ispPAC80 图形设计输入环境变成图 29 所示。

在图 29 中，双击输入仪用运放 IA 图标，可以调整输入增益倍数（1，2，5 或 10）。同样，双击 Wakeup = Cfg A 的梯形图标，可以设置激活配置 Cfg A 或 Cfg B。

在上述设计输入完毕后，按 Tools→Run Simulator 菜单，可对设计进行仿真，其方法与 ispPAC10 的仿真方法相同。

图 29　调入滤波器库后的 ispPAC80 图形设计输入环境

若仿真结果仍与设计要求有所偏差，则还可以调整图 29 中的滤波器参数 C1、C2、L2、C3、C4、L4 和 C5（双击该处即可进入参数调整状态）。这些参数的含义如图 30 所示。

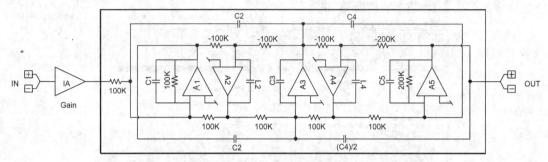

图 30   ispPAC80 内部的五阶滤波器简化结构示意图

# 第五节   参考实验

此模拟电子电路实验箱可编程模拟电路部分 PAC-Designer 软件使用 1.3 版，下载方式采用 JTAG 模式来下载所设计原理图，分五个实验，完成对可编程模拟器件的熟悉和应用。同时，同学们可对比第一部分用分立元件完成同样实验内容的优缺点。如果想知道更多的相关知识，可以到 www.latticesemi.com 网站了解更多的知识。

首先了解一下可编程实验的硬件环境，模拟电子电路实验箱内含有三种可编程实验的硬件器件，通过跳线来选择下载芯片，另外在模拟可编程实验箱元件布图所示（25 针并行口下方）J1、J2、J3 处，通过连接 J1、J2 跳线可做第二部分的模拟可编程下载实验，切记不可同进接上 J3。所有实验仍保持第一部分插拔方式，所有引脚通过插孔输出，保持学生连线动手的方式做实验，在做实验前，一定要熟悉前四节的内容。实验内容如下：

（1）实验一   ispPAC10 增益放大与衰减方法；

（2）实验二   ispPAC10 在 Single-Ended 中的应用；

（3）实验三   ispPAC10 二阶滤波器的实现；

（4）实验四   使用 ispPAC20 完成电压监控；

（5）实验五   使用 ispPAC80 完成低通滤波器。

*模拟可编程实验箱元件分布图如图 31 所示。

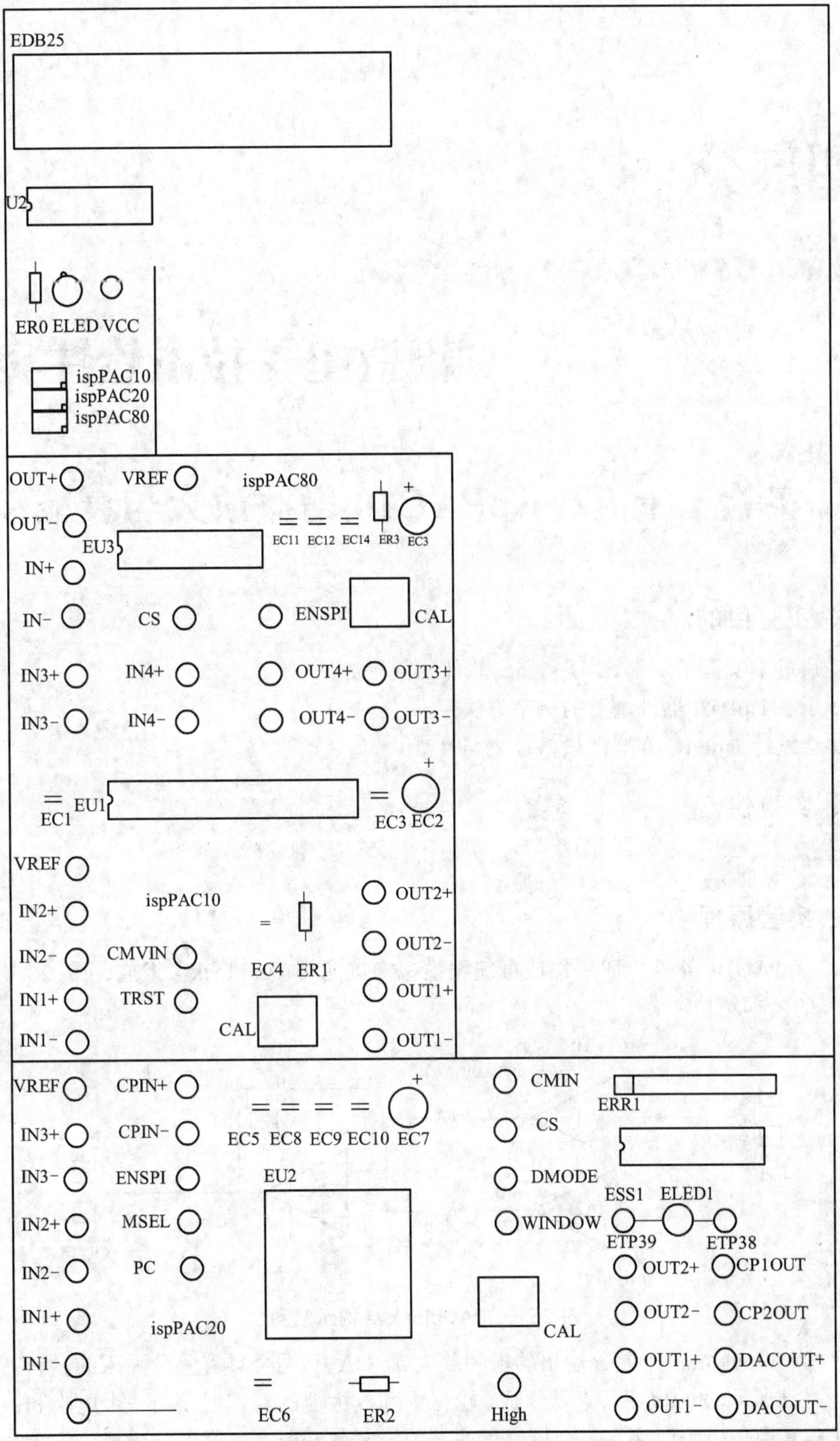

图 31　模拟可编程实验箱元件分布图

# 第四部分

## 模拟电子技术软件实验

### 实验二十五　ispPAC10 增益放大与衰减

#### 一、实验目的

（1）通过本实验了解 PAC-Designer 软件的使用方法。

（2）了解 ispPAC 器件增益的调节方法。

（3）会设计 ispPAC10 器件增益放大与衰减。

#### 二、实验仪器

示波器

#### 三、实验原理

每片 ispPAC10 器件由四个集成可编程模拟宏单元（PACblock）组成，图 25.1 所示为 PACblock 的基本结构。

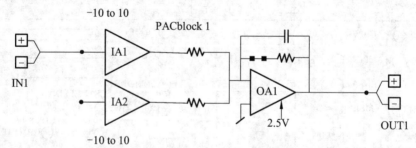

图 25.1　PACblock 结构示意图

每个 PACblock 由一个差分输出的求和放大器（OA）和两个具有差分输入的、增益为 ±1 ~ ±10 以整数步长可调的仪用放大器组成。输出求和放大器的反馈回路由一个电阻和一个电容并联组成。其中，电阻回路有一个可编程的开关控制其开断；电容回路中提供了 120 多个可编程电容值，以便根据需要构成不同参数的有源滤波器电路。

### 1. 通用增益设置

通常情况下，PACblock 中单个输入仪用放大器的增益可在 $\pm 1 \sim \pm 10$ 的范围内按整数步长进行调整。如图 25.2 所示，将 IA1 的增益设置为 4，则可得到输出 $V_{OUT1}$ 相对于输入 $V_{IN1}$ 为 4 的增益；将 IA1 的增益设置为 $-4$，则可得到输出 $V_{OUT1}$ 相对于输入 $V_{IN1}$ 为 $-4$ 的增益。

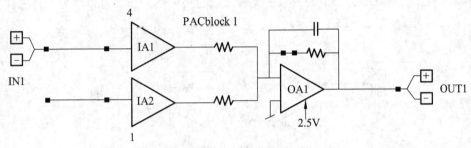

图 25.2　增益为 4 的 PACblock 配置图

设计中如果无须使用输入仪用放大器 IA2，则可在图 25.2 的基础上加以改进，得到最大增益为 $\pm 20$ 的放大电路，如图 25.3 所示。

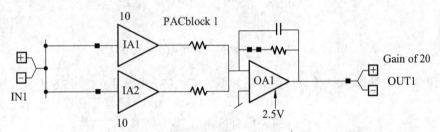

图 25.3　增益为 20 的 PACblock 配置图

在图 25.3 中，输入放大器 IA1、IA2 的输入端直接接信号输入端 IN1，构成加法电路，整个电路的增益 OUT1/IN1 为 IA1 和 IA2 各自增益的和。

如果要得到增益大于 $\pm 20$ 的放大电路，可以将多个 PACblock 级联。图 25.4 所示为增益为 40 的连接方法。

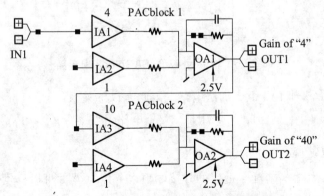

图 25.4　增益为 40 的 PACblock 配置图

图 25.4 中使用了两个 PACblock：IA1、IA2 和 OA1 为第一个 PACblock 中的输入、输出放大器，IA3、IA4 和 OA2 为第二个 PACblock 中的输入、输出放大器。第一个 PACblock 的输出端 OUT1 接 IA3 的输入端。这样，第一个 PACblock 的增益 $G_1 = V_{OUT1}/V_{IN1} = 4$，第二个 PACblock 的增益 $G_2 = V_{OUT2}/V_{OUT1} = 10$。整个电路的增益 $G = V_{OUT2}/V_{IN1} = G_1 \times G_2 = 4 \times 10 = 40$。

如果将第二个 PACblock 中的输入放大器组成加法电路，那么可以用另一种方式构成增益为 40 的放大电路，如图 25.5 所示。

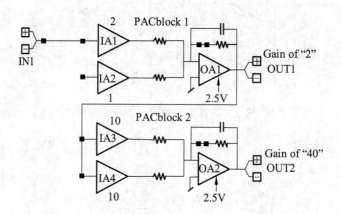

图 25.5　增益为 40 的另一种 PACblock 配置图

如果要得到非 10 倍数的整数增益，例如增益 $G = 47$，可使用如图 25.6 所示的配置方法。

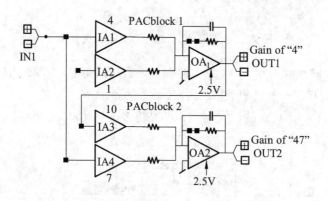

图 25.6　增益为 47 的 PACblock 配置图

在图 25.6 中，IA3 和 IA4 组成加法电路，因此有以下关系：

$V_{OUT1} = 4 \times V_{IN1}$，$V_{OUT2} = 10V_{OUT1} + 7IN1$，整个电路增益 $G = V_{OUT2}/V_{IN1} = 47$。

## 2. 分数增益的设置法

除了各种整数倍增益外，配合适当的外接电阻，ispPAC 器件可以提供任意的分数倍增益的放大电路。例如，想得到一个 5.7 倍的放大电路，可按图 25.7 所示的电路设计。

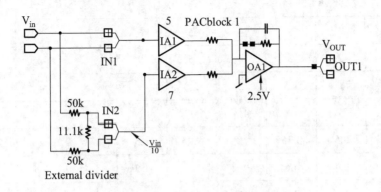

图 25.7    增益为 5.7 的 PACblock 配置图

图 25.7 中，通过外接两个 50 k 和 11.1 k 的电阻分压，得到输入电压：

$$V_{IN2} = 11.1/（50 + 50 + 11.1）V_{in} = 0.099\ 9 V_{in} \approx V_{in}/10$$

$$V_{out1} = 5×V_{in} + V_{IN2} = 5×V_{in} + 7×（V_{in}/10）= 5.7\ V_{in}$$

因此         $G = V_{out1}/V_{in} = 5.7$

### 3. 整数比增益设置法

运用整数比技术，ispPAC 器件提供给用户一种无须外接电阻而获得某些整数比增益的电路，如增益为 1/10，7/9 等。图 25.8 所示是整数比增益技术示意图。

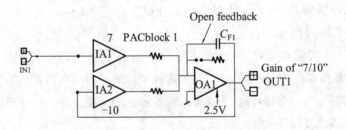

图 25.8    整数比增益技术示意图

在图 25.8 中，输出放大器 OA1 的电阻反馈回路必须开路。输入仪用放大器 IA2 的输入端接 OA1 的输出端 OUT1，并且 IA2 的增益需设置为负值，以保持整个电路的输入、输出同相。在整数比增益电路中，假定 IA1 的增益为 $G_{IA1}$，IA2 的增益为 $G_{IA2}$，整个电路的增益为 $G = - G_{IA1}/G_{IA2}$。若如图 25.8 中选取 $G_{IA1} = 7$，$G_{IA2} = - 10$，整个电路增益为 $G = 0.7$。在采用整数比增益电路时，若发现有小的高频毛刺影响测量精度，这时需稍稍增大 $C_{F1}$ 的电容值。为方便读者查询，表 5.1 列出了所有的整数比增益值。

表 25.1  IA2 作为反馈单元的整数比增益

| IA2 | IA1 | | | | | | | | | |
|---|---|---|---|---|---|---|---|---|---|---|
| | 1 | 2 | 3 | 4 | 5 | 6 | 7 | 8 | 9 | 10 |
| −1 | 1 | 2 | 3 | 4 | 5 | 6 | 7 | 8 | 9 | 10 |
| −2 | 0.5 | 1 | 1.5 | 2 | 2.5 | 3 | 3.5 | 4 | 4.5 | 5 |
| −3 | 1/3 | 2/3 | 1 | 4/3 | 5/3 | 2 | 7/3 | 8/3 | 3 | 10/3 |
| −4 | 0.25 | 0.5 | 0.75 | 1 | 1.25 | 1.5 | 1.75 | 2 | 2.25 | 2.5 |
| −5 | 0.2 | 0.4 | 0.6 | 0.8 | 1 | 1.2 | 1.4 | 1.6 | 1.8 | 2 |
| −6 | 1/6 | 1/3 | 0.5 | 2/3 | 5/6 | 1 | 7/6 | 4/3 | 1.5 | 5/3 |
| −7 | 1/7 | 2/7 | 3/7 | 4/7 | 5/7 | 6/7 | 1 | 8/7 | 9/7 | 10/7 |
| −8 | 0.125 | 0.25 | 0.375 | 0.5 | 0.625 | 0.75 | 0.875 | 1 | 1.125 | 1.25 |
| −9 | 1/9 | 2/9 | 1/3 | 4/9 | 5/9 | 2/3 | 7/9 | 8/9 | 1 | 10/9 |
| −10 | 0.1 | 0.2 | 0.3 | 0.4 | 0.5 | 0.6 | 0.7 | 0.8 | 0.9 | 1 |

## 四、实验内容

（1）从 PC 机到实验箱的并行接口处连接好 25 针的并行线，接入 + 5 V 电源到 $V_{CC}$ 插孔（在 25 针并行接口处下方），此时电源指示灯亮，这样就可以下载自己设计的原理图。以后实验中此步骤不再说明，在做实验以前，一定要熟悉前四节的内容。

（2）连接好 ispPAC10 跳线（在 25 针并行接口处下方）。按图 25.9 所示接好外围接口电路，信号源输出连接到 SIGNAL，IN + 连接 ispPAC10 输入脚 IN1 + 、IN − 连接输入 IN1 − ，用双踪示波器观察输入波形 IN1（由于放大的是差模信号，用双踪示波器观察的信号 IN1 = IN1 + − IN1 − ，方法如下：用两个探头，分别测 IN1 + 、IN1 − 的波形，微调挡要相同，按下示波器 Y2 反相按键，在显示方式中选择叠加方式即可得到所测的差分波形 IN1），调节信号源使 IN1 处的波形为一个峰-峰值为 200 mV、1 kHz 的正弦波作为输入信号。接口中 VREF（插孔引出）为 2.5 V 接到 IN − 中。

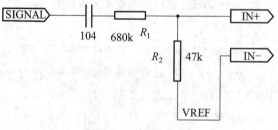

图 25.9  接口电路

（3）可按 File→Browse Libarary 菜单打开 ispPAC10_Gainx100.pac 增益，下载并显示成功

菜单，按确定即可实现相应增益。用双踪示波器观察输出 OUT1（方法同上）波形 OUT1 放大了 10 倍，修改 IA1 增益，记录相应 OUT1 变化情况。

（4）仍调用 ispPAC10_Gainx100.pac 增益原理图，测量放大了 100 倍的 OUT2 作为输出，由于限幅作用出现失真，有两种方法在线下载使输出不失真：

① 调节信号源使输出刚好不失真；

② 改变 IA1 和 IA3 的增益值。

# 实验二十六　ispPAC10 在 Single-Ended 中的应用

## 一、实验目的

（1）通过本实验掌握 PAC-Designer 软件的使用方法。

（2）了解 ispPAC10 器件单端输入的应用。

## 二、实验仪器

（1）示波器；

（2）万用表。

## 三、实验原理

本实验扼要地介绍了 ispPAC10 器件，当它用在输入和输出级与单端信号进行接口的能力。ispPAC10 有 8 个差分仪表放大器。最大输入信号范围和其相应的共模电压范围都是输入增益设置的函数。最大输入电压乘以单个单元的增益不能超过该单元的输出范围，否则将出现限幅。最大保证输入范围为 1~4 V，当电源电压为 5.0 V 时，其容差为 0.3 V。

单端信号可以被连接到 ispPAC10 的输入，并且一半的差分输出可以用来驱动单端负载。所以，除了全差分输入和输出的特点外，仅仅输入或者仅仅输出或者两者都可以用于单端应用系统。对于那些同时拥有单端通路和差分信号通路的系统，ispPAC10 能很容易与这两种类型电路接口。为了让 ispPAC10 差分输入与单端信号接口，其中一个差分输入需要连接到一个 DC 偏置上，最好是 2.5 V 的 $VREF_{OUT}$ 信号。输入信号必须要么是 AC 耦合的，要么是有一个 DC 偏置，该偏置相当于其他输入的 DC 水平。

既然输入电压被定义为 $V_{IN}$（$V_{IN}+ - V_{IN}-$），可以忽略共模电平。如果输入信号电平接近 2.5 V，那么它可以直接连接到 ispPAC10 输入。如果 DC 电平不接近 2.5 V，则必须添加一个偏置电路来调整 DC 电平到 2.5 V。可以用一个简单的阻抗排列来偏置一个信号到 2.5 V，如图 26.1 所示。

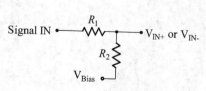

图 26.1　偏置电路

$$V_{\text{IN+}} = \frac{V_{\text{IN}} \cdot R_2}{R_1 + R_2} + \frac{V_{\text{Bias}} \cdot R_1}{R_1 + R_2} \qquad\qquad (26.1)$$

注意：如公式（26.1）所示，输入信号被衰减。对于 AC 耦合的那些信号，ispPAC10 输入需要一个 2.5 V 的 DC 偏置。一个简单的偏置网络可以由两个电阻器和耦合电路(见图 26.2）中的电容器组成。此网络形成一个高通滤波器，截止频率为（ $1/2\pi RC$ ）。DC 参考应当等于 $V_S/2$（ + 2.5 V ）。可以使用 VREF$_{\text{OUT}}$ 或者一个不用的 PACblock 的输出。当使用 VREF$_{\text{OUT}}$ 引脚时，电阻器的阻值应当等于 100 k 或者更大一些。如果使用一个 PACblock 的输出，这些电阻器的阻值可以很小，小到 600 Ω。

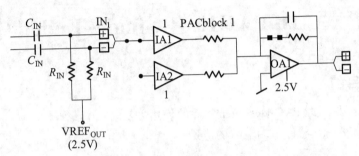

图 26.2　交流双端输入

对于需要单向输出的那些应用场合，只使用一半的差分输出对。输出对的另一个输出应当让其开路。如果不使用可选的 CMVIN 引脚的话，输出的 DC 电平将为 2.5 V。如果负载不是 AC 耦合，它将下拉一个恒定电流。使用一个差分输出可以把供用的输出电压摆动（3V$_{\text{PP}}$ 对 6 V$_{\text{PP}}$ ）减半。既然不管是差分式还是单向，输出电流是不变的，所以单个输出作为一个差分输出，它能驱动两倍负载（300 对 600 或者 2 000 pF 对 1 000 pF ）。如果负载要求 DC 电流，那么供用给电压摆动的数量要减少。输出电流能达到 10 mA，所以任意一个 DC 直流提高了供用的最小负载阻抗。

当用传统运算放大器与其他电路接口时，很容易把一个 ispPAC10 的差分输出信号转换为用一个标准差分放大器配置（见图 26.3）的单端信号。

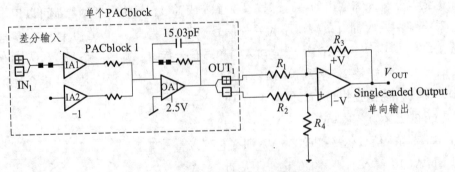

图 26.3　ispPAC10 驱动差分放大器

当输出用作单端时，性能上有些降低，主要是输出偏移。因为是差分结构，所以从输入到输出，"共模"偏移和误差受到了抑制。当输出用作单端时，与输出级有关的共模误差不能被取消掉。DC 偏移 $V_{OUT}+$ 或者是 $V_{OUT}-$ 与 $VREF_{OUT}$ 有 15 mV 的偏差。总而言之，ispPAC10 的差分结构有助于减小与共模信号有关的噪声。

## 四、实验内容

（1）从 PC 到实验箱的并行接口处连接好 25 针的并行线，接入 +5 V 电源到 $V_{CC}$ 插孔（在 25 针并行接口处下方），此时电源指示灯亮，这样就可以下载自己设计的原理图。连接好 ispPAC10 跳线，不输入任何信号和下载空原理图，用数字万用表测量输出电压 $OUTx+$、$OUTx-$（$x = 1$、2、3 或 4），理论上 $OUTx+ = OUTx- = 2.5$ V，差模电压 $OUTx = 0$ V，记录所测数据。

（2）设计一个 $IN1+$、$IN1-$ 输入，$IA1 = 2$ 整个增益为 2，输出为 OUT1 原理图下载到 ispPAC10 器件中。

（3）用直流信号源作为信号输入。

① 若信号为 +1V ~ +4 V，可直接相连，如图 26.4 所示的接口电路，在这里输入 3 V 的直流电压，用万用表测量 $OUT1+$、$OUT1-$、$IN1+$、$IN1-$，记录所测数据，并计算出差模电压 OUT1、IN1，比较放大效果。

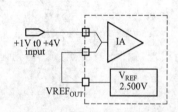

② 若输入信号不在 +1 ~ +4 V 范围内，可用偏置电压如图 5.2.1 所示电路，一般 $V_{bias}$ 为 2.5 V，用公式（26.1）计算使 $V_{IN+}$ 在 +1 ~ +4 V 范围内。在这里输入 12 V 的直流电

**图 26.4　接口电路**

压，我们设置 $R_1 = 47$ k，$R_2 = 10$ k 已满足条件，用万用表测量 $OUT1+$、$OUT1-$、$IN1+$、$IN1-$，记录所测数据，并计算出差模电压 OUT1、IN1，并比较放大效果。

（4）从信号发生器中调节 1 kHz 的正弦波作为输入信号，输入信号之前需接入接口电路：

① 若交流信号源峰峰电压值小于 3 V，接口电路如实验一图 5.1.9 所示接口电路不需要 R1 电阻，即通过电容直接输入 $IN1+$，$R_2$ 保持不变，用示波器观察效果。

② 若交流信号源峰峰电压值大于等于 3 V，我们设计输入信号的峰峰值在 30 V 以内，接口电路如实验一图 5.1.9 所示连线，使 $IN1+$ 的电压在 +1 ~ +4 V 范围内，即加上了偏置电路，用示波器观察效果，更大时自行设计。

# 实验二十七　ispPAC10 二阶滤波器的实现

## 一、实验目的

（1）了解 ispPAC10 器件滤波器的设计方法。

（2）学会用软件自动产生电路图的应用。

## 二、实验仪器

示波器。

## 三、实验原理

在一个实际的电子系统中，它的输入信号往往受干扰等原因而含有一些不必要的成分，应当把它衰减到足够小的程度。在另一些场合，我们需要的信号和别的信号混在一起，应当设法把前者挑选出来。为了解决上述问题，可采用有源滤波器。

这里主要叙述如何用在系统可编程模拟器件实现滤波器。通常用三个运算放大器可以实现双二阶型函数的电路。双二阶型函数能实现所有的滤波器函数，低通、高通、带通、带阻。双二阶函数的表达式如下：

$$T(s) = K\frac{ms^2 + cs + d}{ns^2 + ps + b} \tag{27.1}$$

式中 $m = 1$ 或 $0$，$n = 1$ 或 $0$。

这种电路的灵敏度相当低，电路容易调整。另一个显著特点是只需要附加少量的元件就能实现各种滤波器函数。首先讨论低通函数的实现，低通滤波器的转移函数如下：

$$T_{lp}(s) = V_o / V_{in} = \frac{-d}{s^2 + ps + b} \tag{27.2}$$

$$(s^2 + ps + b)V_o = -dV_{in} \tag{27.3}$$

$$V_o = -\frac{b}{s(s+p)}V_o - \frac{d}{s(s+p)}V_{in} \tag{27.4}$$

上式又可写成如下形式

$$V_o = (-1)\left(-\frac{k_1}{s}\right)\left[\left(-\frac{k_2}{s+p}\right)V_o + \left(-\frac{d/k_1}{s+p}\right)V_{in}\right], \quad b = k_1k_2 \tag{27.5}$$

最后一个等式的方框图如图 27.1 所示。

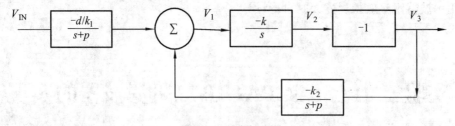

图 27.1　方框图

不难看出，方框图中的函数可以分别用反向器电路、积分电路、有损积分电路来实现。把各个运算放大器电路代入图 27.1 所示的方框图即可得到图 27.2 所示的电路。

然而现在已不再需要用电阻、电容、运放搭电路、调试电路了。利用在系统可编程器件可以很方便地实现此电路。ispPAC10 能够实现方框图中的每一个功能块。PAC 块可以对两个信号进行求和或求差，$k$ 为可编程增益，电路中把 $k_{11}$、$k_{12}$、$k_{22}$ 设置成 + 1，把 $k_{21}$ 设置成 – 1。因此，三运放的双二阶型函数的电路用两个 PAC 块就可以实现。在开发软件中使用原理图输入方式，把两个 PAC 块连接起来，电路如图 27.3 所示。

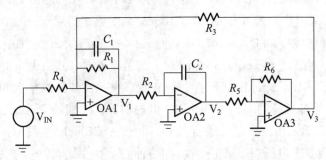

图 27.2　三运放组成的双二阶型滤波器

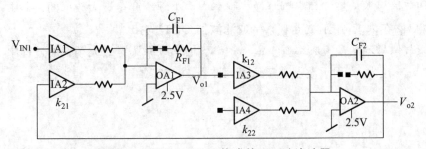

图 27.3　用 ispPAC10 构成的双二阶滤波器

电路中，$C_F$ 是反馈电容值，$R_e$ 是输入运放的等效电阻。其值为 250 k。两个 PAC 块的输出分别为 $V_{o1}$ 和 $V_{o2}$。可以分别得到两个表达式，第一个表达式为带通函数，第二个表达式为低通函数。

$$T_{bp}(s) = \frac{V_{o1}}{V_{in1}} = \frac{\dfrac{-k_{11}s}{C_{F1}R_e}}{s^2 + \dfrac{s}{C_{F1} \cdot R_e} - \dfrac{k_{12}k_{21}}{(C_{F1} \cdot R_e)(C_{F2} \cdot R_e)}} \tag{27.6}$$

$$T_{lp}(s) = \frac{V_{o2}}{V_{in1}} = \frac{\dfrac{k_{11}k_{12}}{(C_{F1}R_e)(C_{F2} \cdot R_e)}}{s^2 + \dfrac{s}{C_{F1} \cdot R_e} - \dfrac{k_{12}k_{21}}{(C_{F1} \cdot R_e)(C_{F2} \cdot R_e)}} \tag{27.7}$$

根据上面给出的方程便可以进行滤波器设计了。在系统可编程模拟电路的开发软件 PAC Designer 中含有一个宏，专门用于滤波器的设计，只要输入 $f_0$、$Q$ 等参数，即可自动产生双二阶滤波器电路，设置增益和相应的电容值。开发软件中还有一个模拟器，用于模拟滤波器的幅频和相频特性。

## 四、实验内容

（1）从 PC 到实验箱的并行接口处连接好 25 针的并行线，接入 + 5 V 电源到 $V_{CC}$ 插孔（在 25 针并行接口处下方），此时电源指示灯亮，这样就可以下载自己设计的原理图。连接好跳线 ispPAC10，进入 ispPAC10 原理图设计窗口，打开 Tools→Design Utilities 菜单，见第四节图 19 Design Utilities 对话框选择 ispPAC10_Biquad.exe 项专门用于双二阶滤波器的设计，在 Biquad Filter 对话框中输入 FQ = 36.07 kHz，Q = 3.49，DC Gain 为 10，Optiome 选择 Q，PACBlocks 默认值，点击"Generate Schematic"产生原理图。然后退出对话框。

（2）运行 Tools→Run Simulator 软件，仿真观察模拟滤波器的幅频和相频特性，经分析可知 PACBlock1 块为带通滤波器，PACBlock2 低通滤波器。成功下载此滤波器的设计。

（3）用方波作为输入信号，幅值适当大小，由于 PACBlock3/4 没用，我们把 PACBlock3 的输出 OUT3 + 作为参考电压 $VREF_{OUT}$，接口电路同实验一图 25.9 所示，把 680 k 换为 10 k，47 k 换为 10 k，把 IN1 作为示波器观察输入测试点。

（4）调节信号源从最大频率调至最小频率、最小频率调至最大频率的过程中（包含中心频率 36.07 kHz 在内），用示波器观察带通滤波器 OUT1 输出。

（5）调节信号源从最大频率调至最小频率、最小频率调至最大频率的过程中（包含截止频率 36.07 kHz 在内），用示波器观察低通滤波器 OUT2 输出。

# 实验二十八　使用 ispPAC20 完成电压监控

## 一、实验目的

（1）熟悉 ispPAC20 环境设计。
（2）了解 ispPAC20 的应用。

## 二、实验仪器

万用表。

## 三、实验原理

如图 28.1 所示，从 DAC 块取出比较电压，也可通过外部输入比较电压，若 OUT2 电压大于 DACOUT，则 CP1OUT 为高电平，否则不变，可以把 CP1OUT 接发光二极管用来监控，一旦过压就发光，这样可以控制电压在某一范围之内来提高电路工作精度。如图 28.1 所示，OUT2 = 10×IN2（IN2 + － IN2 －）跟参考电压比较，在 IN2 + 变化超过一定值指示灯亮即报警。

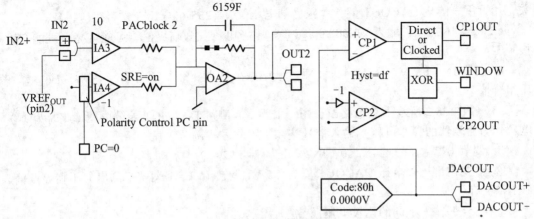

图 28.1　过压测量原理图

同理，如图 28.2 所示，一旦电压低于 DACOUT，电压二极管发光。

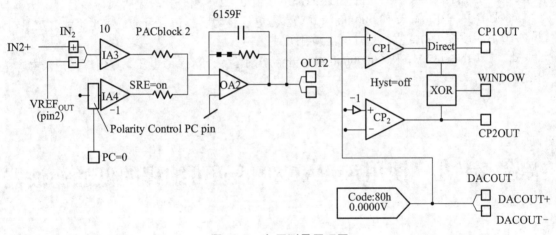

图 28.2　欠压测量原理图

## 四、实验内容

（1）从 PC 机到实验箱的并行接口处连接好 25 针的并行线，接入 + 5 V 电源到 $V_{CC}$ 插孔（在 25 针并行接口处下方），此时电源指示灯亮，这样就可以下载自己设计的原理图。连接好跳线 ispPAC20，接口电路取直流信号源，输入 IN2 + = 2.5 V，IN2 – = VREF，输出 CP1OUT 接 ETP39，ETP38 接地。

（2）按图 28.1 所示下载电路原理图，用万用表测量 DACOUT 差分电压（此时为零），此电压作为比较器的参考电压。输入信号按如下不同方式调节过压。

① 调节 IN2 + ，一旦 IN2>0（IN2 = IN2 + – IN2 – ），指示灯亮，达到过压。

② 改变内部比较电压 DACOUT 值为 1.5 V，调节 IN2 + 到灯亮，测出过压临界点输入电压 IN2 + 值。

③ 由外部输入不同的比较电压调节：

a. 连接 ENSPI 插孔到地，DMODE 到 + 5 V（注：在线下载时要断开），CS 到 High 插孔。

b. 改变 ESS1 组合输入（向下拨为 0 ，向上 ON 为 1 ），输入一组数据，按一下 CAL 开关，用万用表测量 DACOUT 值，并跟内部电压值 0 ~ 255 组合比较是否对应一致。

c. 调节 IN2 = 0，输入 10 000 000（0 V 参考电压且为临界值，可能灯亮也可能灯灭），按下 CAL 后，改变 IN2 + 值，一旦 IN2>0，则灯亮。

d. 调节 IN = 0.2 V，从 11111111 组合开始减小输入外部参考电压，直到灯亮记录参考电压组合值。

（3）按图 28.2 所示下载电路原理图，用万用表测量 DACOUT 差分电压（此时为零），此电压作为比较器的参考电压。输入信号按如下不同方式调节欠压。

① 调节 IN2 +，一旦 IN2<0（IN2 = IN2 + − IN2 −），指示灯亮，达到欠压。

② 改变内部比较电压 DACOUT 值为 1.5 V，调节 IN2 + 到灯亮，测出欠压临界点输入电压 IN2 + 值。

③ 由外部输入不同的比较电压调节：

a. 连接 ENSPI 插孔到地，DMODE 到 + 5 V（注：在线下载时要断开），CS 到 High。

b. 改变 ESS1 组合输入（向下拨为 0，向上 ON 为 1），输入一组数据，按一下 CAL 开关，用万用表测量 DACOUT 值，并跟内部电压值 0 ~ 255 组合比较是否对应一致。

c. 调节 IN = 0，输入 10 000 000（0 V 参考电压且为临界值，可能灯亮也可能灯灭），按下 CAL 后，改变 IN2 + 值，一旦 IN2<0 则灯亮。

d. 调节 IN = 0.2 V，从 00000000 组合开始增加输入外部参考电压，直到灯亮记录参考电压组合值。

# 实验二十九　使用ispPAC80低通可编程的低通滤波器

## 一、实验目的

（1）熟悉各种类型的滤波器。

（2）会用调节所需滤波器的参数。

## 二、实验仪器

示波器。

## 三、实验原理

ispPAC80 是个五阶、连续时间、低通集成模拟滤波器，无须外部元件或时钟。用户能以 7 个以上的拓扑结构实现数千个模拟滤波器，频率范围为 50 ~ 100 kHz。当此 IC 焊接到一个印刷电路板上后，使用 PAC-Designer 软件，用户能选择滤波器类型，查看仿真的性能表现和配置整个设计成在系统。可为适合的应用把器件配置保存在非易失 E2 存储器里或可访问的在系统内。

ispPAC80 可编程、低通滤波器 IC 执行许多运算放大器线路，电阻器和电容器来完成有着可编程系数的五阶滤波器。任何地方都可设定滤波器的连续时间截止频率，其值大约

50 kHz 到 500 kHz 之间，精度 0.6%或更高。当执行模数转换和改造数模转换器，以及其他复杂的滤波网络时，ispPAC80 实现的滤波器非常适合于防混叠滤波器。$1 \times 10^9$ ohm 的高阻抗差分输入使得有可能改进共模抑制，差分输出使得可以在滤波器之后使用高质量的电路。差分偏移和共模偏移都被修整成少于 1 mV。为了得到最佳 THD，规定差分电阻负荷最小为 300 ohms，差分电容负载 100 pF。这些数值适用于在此频率范围内的多数应用场合。此外，ispPAC80 有个双存储器配置，所以它能为两个完全不同的滤波器保存配置。这通常减少了多滤波器系统的元件数量，考虑到了测试模式或其他系统改进。ispPAC80 包含一个增益 1、2、5 或 10 可选的差分输入仪表放大器（IA），和一个多放大器差分滤波器 PACblock，此 PACblock 括一个差分输出求和放大器（OA）。通过片内非易失 E2CMOS®芯片可配置增益设置和电容器值。器件配置由 PAC-Designer 软件设定，经由 JTAG 下载电缆下载到 ispPAC80。

PAC-Designer 支持对 ispPAC80 和任意一个五阶低通滤波器执行仿真和编程，集成滤波器数据库提供数千个 Gaussian、Bessel、Butterworth 和 Legendre 类型的滤波器，还有两个线性相位均波延迟误差滤波器（Linear Phase Equiripple Delay Error filter），3 个 Chebyshev 和 12 个 Elliptic 有不同脉动系数的滤波器。其他滤波器类型，通过对单个元件编程，可用一个 ispPAC80 器件来实现。

## 四、实验内容

（1）寻找相关资料了解各种滤波器的特性。

（2）从 PC 机到实验箱的并行接口处连接好 25 针的并行线，接入 +5 V 电源到 $V_{CC}$ 插孔（在 25 针并行接口处下方），此时电源指示灯亮，这样就可以下载自己设计的原理图。下载一个低通滤波器，打开 File→New，选择 ispPAC80 Schematic 选项，双击它打开设计环境，双击 CfgA unknown 处打开低通滤波器库，我们选择 ID 号为 1058 的 Buttworth 滤波器，截止频率为 54.03 kHz，双击此栏，在 "Copy Filter Configuration"对话框中选择 Configuration A，然后点击 "OK"，回到设计环境，成功下载原理图。

（3）用方波作为输入信号，接口电路如图 29.1 所示，把 IN 作为示波器观察输入测试点，输入信号的峰-峰值为 4 V。

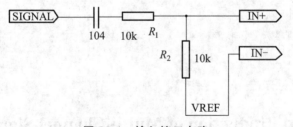

图 29.1　输入接口电路

（4）调节信号源从最小频率调至接近了截止频率（54.03 kHz）的过程中，用示波器观察低通滤波器 OUT + 输出。记录波形变化情况。

（5）调节信号源从最大频率调至接近了截止频率（54.03 kHz）的过程中，用示波器观察低通滤波器 OUT + 输出。记录波形变化情况。

# 第五部分

## 研习实验小论文

# 多路信号源与频率测试仪的设计与制作

杨兴仓　李家旺

【摘　要】本设计课题在数模结合的基础上设计和制作具有产生多路信号源和测量多路信号的一个简单实用的系统，该系统主要由两大块组成。多路信号发生电路：本电路由文氏电桥振荡器产生正弦波，再经电压比较器变换为矩形波，最后经积分电路输出锯齿波，并用数码管显示出来。数字频率测量电路：被测信号经放大、整形后，送入计数器进行计数；秒脉冲电路产生标准秒脉冲，经闸门控制电路形成控制信号控制计数器的工作模式；计数结果由数码管显示出来。

【关键词】多路信号；频率测量；秒脉冲

# The Design and Production of Multi–Channel Signal Source and the Measurement Frequency

Yang Xingcang　Li Jiawang

**Abstract**　The thesis will discuss how to design and produce a simple and practical system which is based on the combination of mathematical model generate multi-channel signal source and measurement of multi-channel signals. The system is composed of two major blocks. Multi-signal producing circuit: the circuit is produced a sine wave oscillator by Bridge Oscillator, and then the sine wave is transformed into rectangular-wave by the Voltage Comparator. Last, Integral Circuit outputs the sawtooth wave that is displayed by the Digital Tube. Digital frequency measuring circuit: first, the measured signals are magnified and deformed and input the counter to count. Second, second-pulse circuit produces the standard second-pulse, and then the strobe control the circuit to form the working-conplementarity which signals control the counter. Third, the result of counting is displayed by Digital tube.

**Keywords** the production of multi-signals; the measurement of frequency; second-pulse.

# 1 引 言

学会设计中小型电路系统的方法，独立完成调试过程，增强我们理论联系实际的能力，提高电路分析和设计能力。通过实践引导我们在理论指导下有所创新，为日后的学习和工作实践奠定基础。通过设计，一方面可以加深我们的理论知识，另一方面也可以提高我们考虑问题的全面性，将理论知识上升到一个实践的阶段。

本课题在模拟电路和数字电路相结合的基础上，设计和制作能产生正弦波、矩形波、锯齿波，矩形波和锯齿波可以调节幅度和占空比，当占空比小于1时，输出分别为方波和三角波，并将信号用数码管显示出来的系统；同时该系统还可对外部信号进行测量，具有数字频率计的功能，测量精度高，读数直观，使用方便，是业余无线电和电子制作的常用工具之一。该系统在电路设计中充分考虑业余制作的特点，电路简洁，功能实用，制作方便，调试简单，性能良好，成本低廉。

# 2 系统原理框图

总体电路如图 1 所示。电路由两大部分组成：信号产生电路由文氏电桥振荡器产生正弦波，再经电压比较器变换为矩形波，最后经积分电路输出锯齿波；频率测量电路采用直接测频的方法，将被测信号放大、整形后，送入计数器进行计数，秒脉冲产生电路产生标准秒脉冲，经闸门控制电路形成控制信号，控制计数器的工作模式，计数结果由数码管直接显示出来。

# 3 模块电路的构成及工作原理

信号产生电路由文氏电桥振荡器产生正弦波，再经电压比较器变换为矩形波，最后经积分电路输出锯齿波。频率是单位时间里脉冲的个数，数字式频率计的测量原理分直接测频率法和测周期法两类，直接测频率法测量单位时间内被测信号的周期数。

考虑使用常用元件和降低成本，本设计采用直接测频率法，其方框图如图 1.1 所示。被测信号经放大、整形后，送入计数器进行计数；秒脉冲电路产生标准秒脉冲，形成闸门控制信号控制计数器的工作模式；计数结果由数码管直接显示出来[1]。

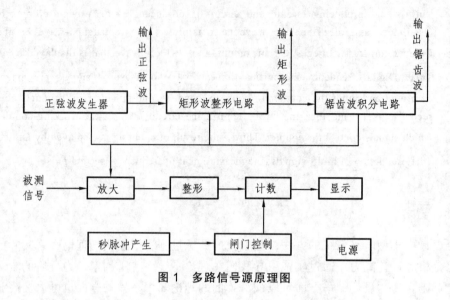

图 1　多路信号源原理图

## 3.1　正弦波发生电路

本文设计采用集成运放μA741作为宽频带放大电路，引入正反馈的反馈网络产生自激振荡，通过文氏电桥即 $RC$ 串、并联电路进行选频，最后由二极管限幅。改变 $R$、$C$ 的数值，可以调节频率。其原理图如图2所示[1]。

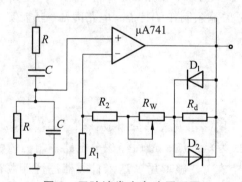

图 2　正弦波发生电路原理图

### 3.1.1　集成运放的使用

μA741为通用集成运算放大器，很多时候都会为波形严重失真而困扰，究其原因，除了少数由于输入过压或输出过流、过压之外，绝大多数是由于电源干扰而产生的。

电源干扰一般来源于工频干扰和自激振荡，本设计选用 10 μF 电解电容滤除工频干扰，选用 0.01 μF 退耦电容滤除电源纹波，如图 3 所示。在制版或电路搭建过程中，稳压电解电容应尽量靠近电源线入口；而退耦电容应尽量可能靠近运放电源引脚放置，这样可以形成低电感接地回路。需要注意，选择退耦电容并不是越大越好，因为越大的电容具有更大的封装，而更大的封装可能引入更大的等效串联电感，会引起在 IC 引脚处的电压抖动。

146

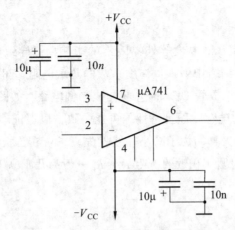

图 3  集成运放电源干扰的消除

另外还需要注意，一般集成运放输入外加电阻和输出端的反馈电阻以十几千欧姆以上的阻值为适。对于运放精度要求较高的电路，在加入输入信号之前要进行静态调零，即输入信号为 0 V 时，输出若不为 0 时应适当调节至 0 V。集成运放所加的电源有单电源和双电源之分，使用时应注意[1]。

### 3.1.2  反馈系数

正弦波发生电路实质上是一个没有输入信号的正反馈放大电路。根据模拟电路相关知识，要使电路能够起振，需要 $AF>1$（起振条件）；但要使电路起振后能够稳定，则需要 $AF = 1$，既保证电路起振，又得尽量减小波形失真。经计算，$R_f$ 应略大于 $R_1$ 的 2 倍，$R_f$ 为反馈电阻，$R_1$ 为负端接地电阻。因此，如图 2 所示，本设计选取 $R_1 = 30\ \text{k}\Omega$，$R_f = R_2 + R_w + r_d // R_d = 62\ \text{k}\Omega$，图中 $R_f = R_2 + R_w + r_d // R_d$（$r_d$ 为二极管导通时的动态电阻）[1]。

### 3.1.3  选频参数

该电路产生正弦波的频率是由 $R_C$ 串、并联网络的谐振频率决定的。频率计算为：例如，选 $R = 20\ \text{k}\Omega$，$C = 0.01\ \mu\text{F}$，可求得 $f_0 = 800\ \text{Hz}$。使用波段开关切换电容可以实现频率的调挡；使用电位器连续调节电阻可以实现频率微调，如图 4 所示[1]。注意，电容切换应同时更换串并联电路中两个电容；电阻调节也应采取双联电位器同步调节。

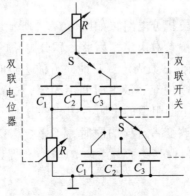

图 4  文氏电桥的频率调节电路

### 3.1.4 稳幅电路

工作过程中由于电源电压、温度等外界因素的影响，将导致电路元件参数变化。破坏 $AF=1$ 的平衡条件。在反馈网络中引入负温度系数的热敏电阻，可以适当补偿温度变化使振荡稳定。也可以选用反接的二极管 $D_1$、$D_2$ 并联构成稳幅电路，如图 2 所示。稳幅二极管 $D_1$、$D_2$ 应选用温度稳定性较高的硅管，而且特性尽可能一致，以保证输出波形的正负半周对称。由于二极管的非线性会引起失真，为了减小非线性失真，可在二极管两端并上一个阻值与 $r_d$（$r_d$ 为二极管导通时的动态电阻）相近的电阻 $R_d$（$R_d$ 一般为几千欧），然后经过实验调整以达到最好效果[1]。

## 3.2 矩形波整形电路

将正弦波整形为矩形波的方法很多，最常用的是电压比较电路，如图 5 所示。输入信号幅度高于门限电压时输出低电平；输入信号幅度低于门限电压则输出高电平。通过调节门限电压的高低可以实现占空比的调节。得到的矩形波经稳压管限幅之后可通过电位器调幅输出。需要注意的是，应该根据正弦输入的幅度设置门限电压的调节范围。图 5 中门限电压范围是 $-5 \sim +5$ V。

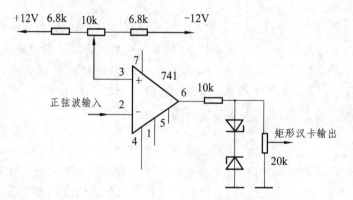

**图 5　矩形波整形电路**

## 3.3 锯齿波积分电路

将矩形波整形为锯齿波需要积分电路，如图 6（a）所示，该电路由 $R$、$C$ 进行积分，由于输入信号频率是由文氏电桥参数决定，因此，积分电路的 $R$、$C$ 应选择与电桥中 $R$、$C$ 相同。显然，在图 6（a）中积分常数固定，只能对方波进行时间相等的充、放电，从而产生三角波。要产生锯齿波，必须使充、放电时间不相等，这就要使用二极管进行正、负向的分流，并在正、负方向接入不同阻值的电阻。图 6（b）所示即为改变充、放电时间的一种方法。该电路的好处是，在改变占空比的同时，不影响振荡频率。这是因为虽然滑动头两端电阻 $R_A$ 和 $R_B$ 发生了变化，也改变了占空比 $R_A/R_B$，但是总的时间常数（$R_A + R_B$）$C$ 并没有改变[1]。

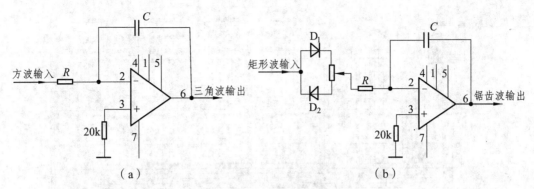

图 6　锯齿波积分电路

## 3.4　放大整形电路

放大与整形电路原理图如图 7 所示。放大器采用三级 COMS 反相器 U3、U4、U5 串联而成，放大倍数为 200 倍，足以将 30 mV 以上的信号电压放大至限幅状态。采用 COMS 反相器组成放大器，具有输入阻抗高、功耗低、简单可靠、无需调试的特点。COMS 反相器 U1、U2 等构成施密特触发器，将模拟信号整形成为边缘陡直的方波脉冲送入计数器[2]。

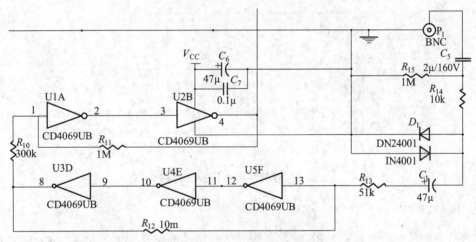

图 7　放大与整形电路原理图

## 3.5　计数显示电路

计数显示电路如图 8 所示。十进制计数/七段译码器 CD4033 和七段 LED 数码管组成十进制计数显示器。CD4033 内部包含十进制计数器和七段译码器两部分，译码输出可以直接驱动 LED 数码管。

$R$ 为清零端，当 $R = 1$ 时，计数器全部清零。INH 端接闸门控制信号，当 INH = 0 时，计数器计数；当 INH = 1 时，停止计数，但显示的结果被保留。

电路中，CD4033 的 RBI 端与 RBO 端多级级联，作用是自动消隐无效零。例如，计数状态为"000400"时，电路自动消隐左边三位无效零，显示为"400"，以符合习惯[2]。

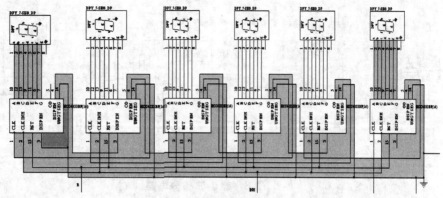

图 8　计数显示电路原理图

## 3.6　秒脉冲和闸门控制电路

如图 9 所示,由三个单稳态触发器 74121 组合形成单次秒脉冲和闸门控制信号。U1 受到触发,产生一个脉冲,形成清零信号 R,同时触发 U2 产生脉冲,U2 产生的脉冲又触发 U3,使 U3 形成闸门信号 INH,调节电位器 $R_{v2}$ 可以使 R 与 INH 相隔为 1 s,从而得到标准秒脉冲。适当增大 $R_7$ 的电阻值,可以使所测数据得到长时间的保留。

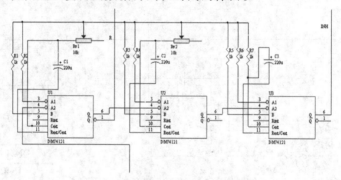

图 9　秒脉冲和闸门控制电路

## 3.7　防抖动开关

如图 10 所示,它是由基本 RS 触发器构成的去抖动电路开关,利用基本 RS 触发器的记忆作用来消除开关震动带来的影响。电路中的两个与非门使用 74LS00。

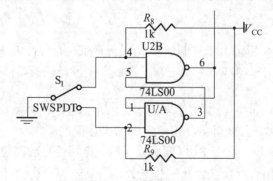

图 10　防抖动开关

# 4. 主要芯片介绍

## 4.1 μA741

μA741 是一通用的双运算放大器，其特点有：较低输入偏置电压和偏移电流；输出没有短路保护，输入级具有较高的输入阻抗，内建频率补偿电路，较高的压摆率。最大工作电压为 18 V。其芯片管脚图如图 11 所示。

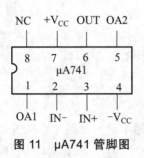

**图 11  μA741 管脚图**

## 4.2  CD4033

CD4033 为十进制计数/七段译码管，内部包含十进制计数器和七段译码器两部分。通过 R 端和 INH 的控制，可以实现计数和直接驱动数码管进行显示。其芯片管脚图如图 12 所示。

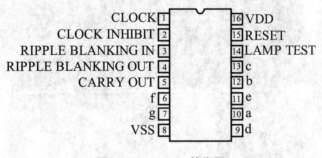

**图 12  CD4033 管脚图**

## 4.3  74LS121

74LS121 为具有施密特触发器输入的单稳态触发器，其管脚图如图 13 所示。正触发输入端（B）采用了施密特触发器，因此，有较高的抗扰度，典型值为 1.2 V。又由于内部有锁存电路，故对电源 $V_{CC}$ 也有较高的抗扰度，典型值为 1.5 V。74LS121 经触发后，输出（Q、/$\overline{Q}$）就不受输入（$A_1$、$A_2$、B）跳变的影响，而仅与定时元件（CEXTRT）有关。在全温度和 $V_{CC}$ 范围内，输出脉冲宽度为：$t_{WQ} = C_{EXT}RT\ln2 \approx 0.7\ CEXTRT$。如果 $R_1$ 选用最大推荐值，占空比可高达 90%。由于内部补偿作用，使输出脉冲宽度的稳定性与温度和 $V_{CC}$ 无关，而仅受外接定时元件精度的限制。图 14 为 74LS121 的功能图。

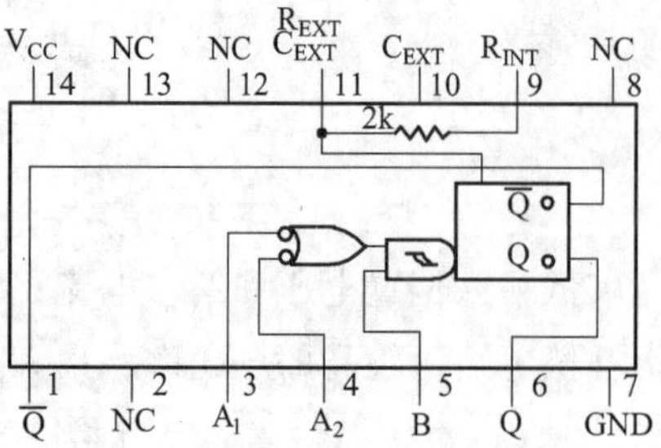


图 13　74LS121 管脚图

| Inputs | | | Outputs | |
|---|---|---|---|---|
| $A_1$ | $A_2$ | B | Q | $\overline{Q}$ |
| L | X | H | L | H |
| X | L | H | L | H |
| X | X | L | L | H |
| H | H | X | L | H |
| H | ↓ | H | ⊓ | ⊔ |
| ↓ | H | H | ⊓ | ⊔ |
| ↓ | ↓ | H | ⊓ | ⊔ |
| L | X | ↑ | ⊓ | ⊔ |
| X | L | ↑ | ⊓ | ⊔ |

图 14　74LS121 的功能图

# 5. 使用方法和系统性能测试

## 5.1　使用方法

实物图如图 15 所示，使用时通电后打开两个电源开关至“ON”处，将“信号输出/频率测量”开关调至“信号输出”，此时便输出了三种等频率的正弦波、矩形波和锯齿波，拨动“测频开关”可以知道此时输出频率的大小。如将“信号输出/频率测量”开关调至“频率测量”，此时在输入端输入一个信号，拨动“测频开关”便可测出输入信号的频率。

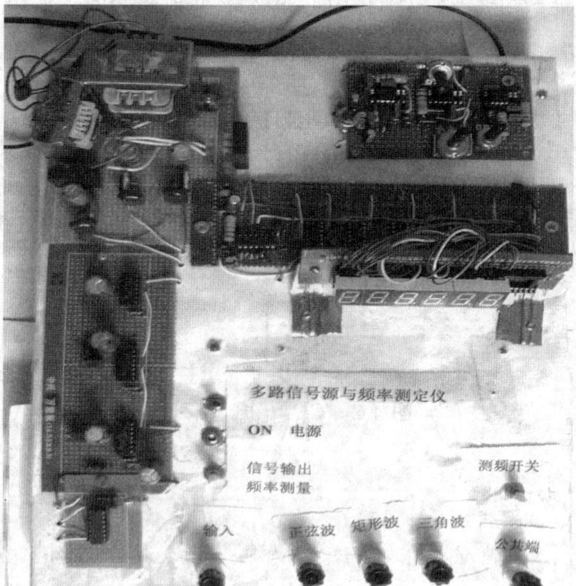


图 15

## 5.2　性能指标

此制作的输出信号为正弦波、矩形波和三角波，频率在 130 ~ 190 Hz，由于二极管的稳幅作用，幅值在 5 ~ 8 V，其幅值主要与电源的高低有关。频率测量的范围为 1 ~ 999 999 Hz，但随着频率的增加，测量精度降低，经测试，频率在 500 kHz 以下其精度偏差不是太大；分辨率为 1 Hz，最小输入灵敏度<30 mV，最高输入电压为 30 V，输入波形可以是正弦波、矩形波和三角波。

# 6 结束语

本制作能实现 130～190 Hz 正弦波、矩形波和三角波的输出，并能测试出 1～999 999 Hz 的频率且用数码管显示出来，具有频率测试仪的功能，测量精度高，读数直观，使用方便，是业余无线电和电子制作的常用工具之一。

本课题在设计与制作过程中还存在一些问题有待解决，如信号发生部分没能实现输出信号的频率大范围调节，信号的占空比和幅值的调节。测量部分中还有待解决的高频率测量问题和抗干扰能力的增强。由于时间和个人的能力问题只能做到现在这个程度，实属遗憾。

通过本次设计，使我们对部分模拟电路和数字电路的构成和作用有了进一步的了解，多种能力和技术的训练，如电路图识别能力、元件识别能力、焊接能力等。给我们以很好的实践机会，让我们在自己动手的过程中逐渐掌握一些相关的知识，在无形之中，提升自己的动手能力，把所学的理论知识应用于实践中，很好地锻炼了自己。

【参考文献】

[ 1 ] 万冬，王琅琅. 电子设计实战训练：多路信号源[J]. 电子制作电子制作，2008( 7 ):55-57.
[ 2 ] 门宏. 精选电子制作图解 66 例[M]. 北京：人民邮电出版社，2001：296-304.
[ 3 ] 岳玉霞. 数字频率计[J]. 制作工具，2006:45-47.
[ 4 ] 康华光. 数字电子基础[M]. 北京：高等教育出版社，1999.
[ 5 ] 唐程山. 电子技术基础[M]. 北京：高等教育出版社，2005.
[ 6 ] 姚福安. 电子电路设计与实践[M]. 山东：山东科学技术出版社，2002.

# 用板式电位差计实验系统与 SPSS 标定电池的电动势<sup>*</sup>

胡春晓　王新春　岳开华　祝飞霞　司民真

（楚雄师范学院　楚雄 675000）

【摘　要】针对板式电位差计测量电池电动势的实验装置，以电池的电动势为研究对象。用补偿法测量实验数据。引入 SPSS 的曲线估计功能，得到标准电池电动势和长度的复合量与有效长度量的定标曲线，并验证出标准电池电动势和长度的复合量与有效长度量存在线性关系，由此标出待测电池的电动势，用置信概率为 95%的不确定度，对实验结果进行分析和评价，最终得到更为直观的、合理的实验结果。

【关键词】板式电位差计；补偿法；SPSS 线性估计；不确定度分析；标定电动势

# Calibrate Electromotive Force of the Battery with Plate Potentiometer and SPSS

Hu Chunxiao　Wang Xinchun　Yue Kaihua　Zhu Feixia　Si Minzhen

(School of Physics and ElectronicsScience, Chuxiong Normal University, Chuxiong 675000, China)

**Abstract**　The paper applies plate potentiometer and the method of compensation to measure electromotive force of the battery. And obtain the calibration curve between the compound quantity of electromotive force of the standard battery & length and effective length. The paper testifies the linear relationship between them. So, the paper calibrates the electromotive force of the standard battery, and Evaluate experiment data and result with the uncertainty confidence probability of 95%. It's shown that we gain reasonable experiment result.

**Keywords**　plate potentiometer; compensation method; SPSS linear estimation; uncertainty analysis; calibrating electromotive force

---

\* 资助项目：国家特色专业项目资助（编号：12467）。

# 1 引 言

电位差计实验[1,-3]是大学物理实验课程电磁学实验部分的一个常见实验。板式电位差计是利用补偿原理[4]来精确测量电动势的一种精密仪器。通过查阅文献[4]可知，它不仅用于电动势的测量，也常用于电流、电阻等其他电学量的测量。电位差计分板式和箱式两种。板式具有结构简单、直观，便于分析讨论等优点。所以采用板式电位差计进行实验数据的测量。用置信概率为95%的不确定度估算方法对测量数据及实验结果进行分析与评价，使得实验结果更加可靠。同时，引入SPSS[5]的曲线估计功能去分析实验数据，可以明显减小因仪器或人为因素带来的误差，使得实验结果更为合理。

# 2 实验装置及调试

实验装置如图 1 所示，主要由 YB1733A2A 直流稳压电源、ZX21 型多盘十进电阻箱（99 999.9 Ω）、BX7-13 型滑线变阻器、检流计、标准电池、单刀单掷开关、换向开关等组成。

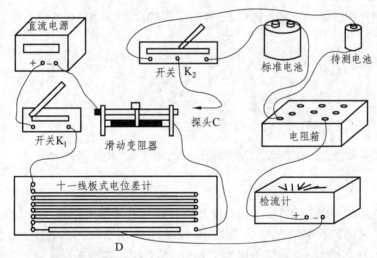

**图 1 板式电位差计测电池电动势和内阻的实验装置**

如图 1 所示接好电路，将电源 $E$、滑动变阻器 $R_p$ 和板式电位差计上均匀粗细的电阻丝 $R_{AB}$ 串联成闭合电路，称为辅助回路。调节 $R_p$，使电路中有一恒定的电流通过，$R_{AB}$ 上有两个滑动头 $C$、$D$，移动 $C$、$D$，不仅能改变 $R_{CD}$ 的值，同时也改变 $U_{CD}$ 的大小。在实验中要时刻注意各个接触点的接触良好。

# 3 实验原理

## 3.1 测量原理

测试电路如图 2 所示，应用电位差计的补偿原理进行工作。$AB$ 为板式电位差计上粗细均匀的电阻丝，$R_0$ 为电阻箱，接通 $K_1$ 同时断开 $K_3$，适当调节 $R_p$，设回路中电流为 $I$，则两触点 $C$、$D$ 间的电压为[6]

（1）式中的 $K$ 为单位长度电阻丝的电阻。

$$U_{CD} = IKL_{CD} \tag{1}$$

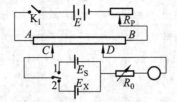

**图 2　板式电位差计测电池电动势的电路原理图**

将 $K_3$ 打向 1 端与 $E_S$ 接通，调节触点 $D$ 与 $C$ 之间的距离 $L_S$，使检流计指针指零，必有 $U_{CD} = E_S$，根据补偿条件，可有

$$IKL_S = E_S \tag{2}$$

然后将 $K_3$ 打向 2 端与待测电动势 $E_X$ 接通，调节 $C$ 与 $D$ 之间的距离 $L_X$，使检流计指针指零，则

$$IKL_X = E_X \tag{3}$$

联立（2）、（3）两式可得

$$E_S L_X = E_X L_S \tag{4}$$

设标准电池电动势与长度的复合量 $F = E_S L_X$，则（4）式可简化为

$$F = E_X L_S \tag{5}$$

实验中，接通 $K_1$ 的同时 $K_2$ 接 1 端，反复调整 $C$ 与 $D$ 之间的距离，使检流计读数复零，由此取得 $C$ 与 $D$ 之间的长度量（$L_{Si}$）；接通 $K_1$ 的同时 $K_2$ 接 2 端、断开 $K_2$，反复调整 $C$ 与 $D$ 之间的距离，由此读出 $C$、$D$ 之间的距离（$L_{Xi}$），结合所给定的标准电池 $E_S$，由此可得复合量（$F_i$）。用 SPSS 的线性估计功能，试图去分析标准电池电动势和长度的复合量（$F_i$）与长度量（$L_{Si}$）的线性相关性，从而标定出 $E_X$，并对其不确定度做出估算。

## 3.2　测电池电动势的不确定度分析[7]

直接测量 $k$，其不确定度由 $A$ 类、$B$ 类进行评定。测量列平均值的标准偏差为

$$u_{(\bar{k})} = \sqrt{\frac{\sum_{i=1}^{n}(k_i - \bar{k})^2}{n(n-1)}} \tag{6}$$

对 $A$ 类，若测量次数为 6 次，测量结果服从 $t$ 分布，当 $p = 0.95$ 时，$t_p = 2.57$，即

$$u_{A(\bar{k})} = 2.57u_{(\bar{k})} \qquad (7)$$

（11）式中的 $\bar{k}$ 可以分别表示 $\overline{L_S}$、$\overline{L_X}$。

对于 $B$ 类分量，若其误差极限为 $\Delta$，仪器误差服从均匀分布 $C = \sqrt{3}$，当 $p = 0.95$ 时，$k_p = 1.96$，那么

$$u_{B(k)} = 1.96\frac{\Delta_k}{\sqrt{3}} \qquad (8)$$

（12）式中的 $k$ 分别表示 $L_S$、$L_X$、$R_S$。

直接测量 $k$ 的合成不确定度为

$$u_{(k)} = \sqrt{u_{A(\bar{k})}^2 + u_{B(k)}^2} \qquad (9)$$

对间接测量 $y = f(k_1, k_2, \cdots, k_i, \cdots k_m)$，则 $y$ 的标准不确定度 $u_{c(y)}$ 为

$$u_{c(y)} = \sqrt{\sum_{i=1}^{n}\left(\frac{\partial y}{\partial k}\right)^2 u_{(k_i)}^2} \qquad (10)$$

$y$ 的相对不确定度 $u_{r(y)}$ 为

$$u_{r(y)} = \sqrt{\sum_{i=1}^{n}\left(\frac{\partial(\ln y)}{\partial k_i}\right)^2 u_{(k_i)}^2} \qquad (11)$$

考虑（5）、（15）式，电动势的相对不确定度为

$$u_{r(E_X)} = \sqrt{\left(\frac{u_{(F)}}{F}\right)^2 + \left(\frac{u_{(L_s)}}{L_s}\right)^2} \qquad (12)$$

# 4  实验数据处理

## 4.1  测量数据及其处理

表 1  接通不同回路下 $L$ 的测量值

| $E_S = 1.018\,60$ V，$\Delta_{E_s} = 0.000\,1$ V，$\Delta_L = 1$ mm，用万用表测电池电动势 $E_S = 1.600$ V | | | | | | |
|---|---|---|---|---|---|---|
| $j$ /组 | 1 | 2 | 3 | 4 | 5 | 6 |
| $L_{Sj}$ /m | 1.354 2 | 1.878 5 | 2.541 2 | 3.328 9 | 4.593 8 | 6.432 1 |
| $L_{Xj}$ /m | 2.149 8 | 2.985 2 | 4.036 6 | 5.289 5 | 7.297 5 | 10.217 0 |

表2　复合量 $F_i$ 与长度量 $L_{Si}$ 的实验数据

| $j$ /组 | $F_i$ /V·m | $L_{Si}$ /m |
|---|---|---|
| 1 | 2.185 9 | 1.351 8 |
| 2 | 3.035 4 | 1.875 2 |
| 3 | 4.104 4 | 2.536 7 |
| 4 | 5.378 4 | 3.328 9 |
| 5 | 7.420 1 | 4.586 0 |
| 6 | 10.388 6 | 6.452 5 |

## 4.2 用 SPSS 软件分析 $F\text{-}L_S$ 定标曲线

将表2中的数据输入 SPSS 软件中，以长度量 $L_{Si}$ 为自变量，复合量 $F_i$ 为因变量，由 SPSS 的曲线估计功能，可得其定标曲线为

$$F = 1.609\,166\,216\,879\,384 \times L_S + 0.019\,752\,328\,563\,237\,87 \qquad (13)$$

所得曲线如图3所示。

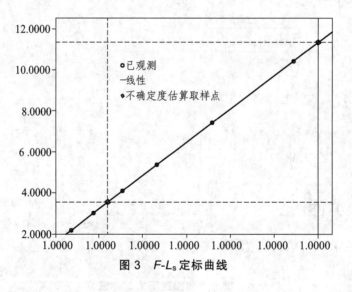

图3　$F\text{-}L_S$ 定标曲线

## 4.3 电池电动势不确定度的估算

根据图3的 $F\text{-}L_S$ 定标曲线，在直线上适当取样 $L_{S1}$、$F_1$，$L_{S2}$、$F_2$ 值，合理估算 $E_X$ 的不确定度。由（13）可得

$$u_{(F_j)} = 1.609\,166\,216\,879\,384 \times u_{(L_{Sj})} \qquad (14)$$

由图3直线上 $L_{S1}$、$Y_1$，$L_{S2}$、$Y_2$ 取样值，可得

$$E_X = \frac{F_2 - F_1}{L_{S2} - L_{S1}} \tag{15}$$

由（12）、（18）可得

$$u_{r(E_X)} = \sqrt{\left(\frac{u_{(F_2 - F_1)}}{F_2 - F_1}\right)^2 + \left(\frac{u_{(L_{S2} - L_{S1})}}{L_{S2} - L_{S1}}\right)^2} \tag{16}$$

由图 3 不确定度评定取样点 $L_{S1}$、$F_1$，$L_{S2}$、$F_2$，结合（14）、（15）、（16）可得表 3 实验结果。

表 3　用板式电位差计测电动势的实验结果

| $u_{(L_{S1})} = u_{(L_{S2})}/10^{-3}\text{m}$ | $u_{(F_1)} = u_{(F_2)}/10^{-3}\text{V} \cdot \text{m}$ | $E_X/\text{V}$ | $u_{r(E_X)}/\%$ |
|---|---|---|---|
| 1.1 | 1.8 | $1.609 \pm 0.002$ | 0.12 |

# 5　结　论

从测量原理所得（5）式可知，只要测量条件具备，理论上有标准电池电动势和长度的复合量（$F_i$）与有效长度量（$L_{Si}$）应该具有线性关系，若能从实验的角度研究出 $F_i$-$L_{Si}$ 的线性关系，必然可以标定出电池电动势的值，这在实验的测量原理上具有一定的创新性。

由表 2 实验数据，应用 SPSS 线性估计功能分析得定标方程（13）式及其图 3，并得到 $F$—$L_S$ 定标曲线图。得出了标准电池电动势和长度的复合量（$F_i$）与有效长度量（$L_{Si}$）存在线性关系，实验所得定标方程（13）式及其图 3 实验曲线与理论分析（5）式具有一致性。

由表 2 数据，应用 SPSS 曲线估计功能能得到定标方程（13）式，可得被测电动势的值为 1.609 V，对比表 1 所给定标被测电池的电动势为 1.600 V，二者具有较好的一致性，表明实验所拟合的 $F$-$L_S$ 直线是客观的。

为了能更好地实现实验数据线性分析的合理性，应选择控制有效长度 $L_S$ 在 1.3 ~ 6.5 m 变化，从而 $L_X$ 可控制在 2.1 ~ 10.3 m，这样，测量结果较为可靠，实验结果更为合理。

能够得到较为理想的（13）式、图 3、表 3 的实验结果，除了借助了强有力的计算机辅助（SPSS 软件）分析手段外，表明所测量数据（表 1）的质量较高，说明有效长度 $L_S$、$L_X$ 的选择与控制较为合理，使因仪器或人为因素所致的偶然误差与系统误差已降为较小。

对照（13）式中的斜率为 1.601 V 与表 1 中万用表所测电池的电动势 1.600 V，它们具有较好吻合度，尤其查看表 3 中被测干电池电动势的实验结果，由该实验方案所得灵敏度的实验值只在千分位上可疑，而以往用灵敏度特性研究的实验方案所得灵敏度的实验值一般为十分位或百分位上可疑。说明应用 SPSS 的线性分析功能标定被测电阻的阻值，是可以提高测量数据及实验结果的分析精度，且数据的处理过程及结果直观有效。

【参考文献】

[ 1 ]　张学华，徐思昀. 用板式电位差计测电池的电动势和内阻的研究[J]. 大学物理实验，

2010，23（50）：65-66.

[2] 茶国智，郑晓虹，等. 一个基于板式电位差计的综合性实验设计[J]. 大理学院学报，2008，6（7）：59-61.

[3] 章韦芳，强晓明，等. 一种新型十一线电位差计的特点研究[J]. 合肥师范学院学报，2013，31（3）：76-77.

[4] 王应. 电位差计测电池电动势的探讨[J]. 铜仁学院学报，2010，12（2）：130-131.

[5] 孟桂菊，郭茂政，等. 板式电位差计与箱式电位差计的区别与联系[J]. 黄冈师范学院学报，2002，22（3）：74-75.

[6] 宋志刚. SPSS 16.0 Guide to Data Analysis [M]. 北京：人民邮电出版社，2008：115-186.

[7] 李欣茂，黄家敏，等. 板式电位差计实验的难点与要点[J]. 理化生教学与研究考试周刊，2012，12：129-131.

[8] 刘建伟，王新春，等. 用改进的单摆实验系统与 SPSS 标定重力加速度[J]. 大学物理实验，2013，26（4）：57.

# 家庭烟雾和湿度探测系统设计

王晓聪　　何永泰

【摘　要】本文设计了一种烟雾、温湿度检测报警混合系统。该系统中，烟雾传感器、温湿度传感器实时检测周围环境烟雾和温湿度变化，由单片机 89C51 及部分接口电路构成系统控制电路，通过设计相应的软件系统，实现实时烟雾、温湿度检测与报警。同时，系统样机被设计，其工作特性被测量。测量结果表明系统达到设计要求，其可用于家庭、仓库、机房等防火、防水检测与报警。

【关键词】烟雾；湿度；报警器；AT89C51；传感器

# Design of Family Smoke and Humidity Detection System

Wang Xiaocong　He Yongtai

**Abstract**　This paper designs a kind of smoke, temperature and humidity detection alarm system. In the system, smoke sensors, temperature and humidity sensor for real-time detection of ambient smoke and temperature and humidity changes, is composed of a single chip computer89C51 and part of an interface circuit system control circuit, through the design of the corresponding software system, to achieve real-time smoke, temperature and humidity detection and alarm. At the same time, the system prototype was designed, whose characteristic is measured. The measurement results show that the system meets the design requirements. It can be used for the family, warehouse, such as the engine room fire, waterproof detection and alarm.

**Keywords**　smoke; humidity sensor; alarm; AT89C51

# 1 引 言

随着科学技术的迅猛发展,越来越多的安全隐患由于工业生产和人们的日常生活而产生。

烟感报警器的使用者不断增加，住宅失火造成的死亡人数也不断下降。美国国家消防协会报告表明，安装了推荐数目的烟雾报警器的住宅一旦发生火灾，住宅内人员的逃生机会将比未安装的住宅多出 50%。一般的家庭需要安装至少一套以上的烟雾报警器[1]。具体数目由两个因素决定：住宅的层数和卧室的数目。烟雾报警器是通过烟发现火灾的，离火灾越近，越能快速响应。因此，多安装几个烟雾报警器会更增加你的安全感。

国外从 20 世纪 30 年代开始研究及开发烟雾传感器，且发展迅速，目前烟雾传感器主要有离子感烟式、光电感烟式、红外光束感烟式等，湿度传感器主要有干湿球湿度计、露点仪和电解湿度计等[2]。针对烟雾、温湿度的混合检测报警系统的报道较少。本文中，介绍了一种烟雾、温湿度混合检测和报警系统的设计，主要包括传感器检测原理、系统软硬件设计原理和系统特性测试。所设计的烟雾、温湿度混合检测系统可用于家庭、仓库和办公场地等的火灾、漏水等的预警。

# 2 烟雾和湿度检测报警器的方案设计

## 2.1 系统硬件设计

为了实现烟雾、温湿度混合预警，设计系统主要包括烟雾传感器、温湿度传感器、控制系统和显示报警部分等。以 51 单片机为核心控制器件送湿度传感器中，采集湿度经单片机处理后送 LCD 显示，当湿度大于设定值时发光二极管点亮，报警电路报警；通过键盘可以设置湿度报警值；环境中有烟雾时，烟雾传感器输出 TTL 低电平信号，单片机进入中断，音乐报警电路报警。基本组成如图 1 所示。

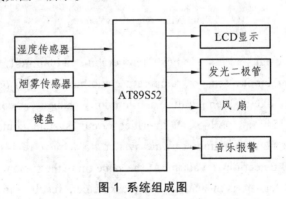

**图 1 系统组成图**

## 2.2 传感器特性及工作原理

### 2.2.1 DHT11 温湿度传感器

在设计中，温湿度传感器选择 DHT11 数字温湿度传感器，它是一款含有已校准数字信号输出的温湿度复合传感器。它应用专用的数字模块采集技术和温湿度传感技术，确保产品具有极高的可靠性与卓越的长期稳定性。

其采用串行数据输出，DHT11 与微处理器之间的通信接口如图 2 所示。

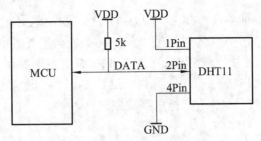

图 2　DHT11 与 MCU 连接

### 2.2.2　MQ-2 烟雾传感器工作原理

半导体烟雾传感器包括用氧化物半导体陶瓷材料作为敏感体制作的烟雾传感器以及用单晶半导体器件制作的烟雾传感器。按敏感机理分类，可分为电阻型和非电阻型[3]。半导体气敏元件也有 N 型和 P 型之分。N 型在检测时阻值随烟雾浓度的增大而减小；P 型阻值随烟雾浓度的增大而增大。

MQ-2 气敏元件结构如图 3 所示（结构 A or B），由微型 $Al_2O_3$ 陶瓷管、$SnO_2$ 敏感层,测量电极和加热器构成的敏感元件固定在塑料或不锈钢制成的腔体内，加热器为气敏元件提供了必要的工作条件。封装好的气敏元件有 6 只针状管脚，其中 4 个用于信号取出，2 个用于提供加热电流。

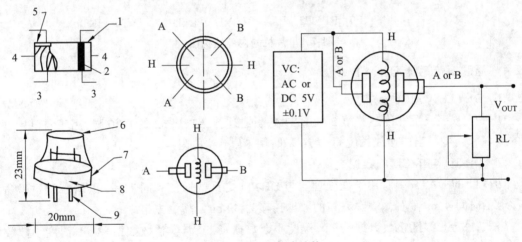

图 3　MQ-2 电路结构

### 2.2.3　89S52 单片机简介

#### 2.2.3.1　AT89S52 简介

本系统控制电路的核心器件采用的是美国 ATMEL 公司生产的 AT89S52 单片机，它属于 MCS-51 系列。AT89S52 是一种低功耗、高性能 CMOS8 位微控制器，具有 8 K 在系统可编程 Flash 存储器[4]。使用 Atmel 公司高密度非易失性存储器技术制造，与工业 80C51 产品指令和引脚完全兼容。片上 Flash 允许程序存储器在系统可编程，亦适于常规编程器。在单芯片上，拥有灵巧的 8 位 CPU 和在系统可编程 Flash,使 AT89S52 为众多嵌入式控制应用系统提供高灵活、超有效的解决方案[5]。

AT89S52 具有以下标准功能：8K 字节 Flash，256 字节 RAM，32 位 I/O 口线，看门狗定时器，2 个数据指针，三个 16 位定时器/计数器，一个 6 向量 2 级中断结构，全双工串行口，片内晶振及时钟电路[6]。另外，AT89S52 可降至 0 Hz 静态逻辑操作，支持 2 种软件可选择节电模式[7]。空闲模式下，CPU 停止工作，允许 RAM、定时器/计数器、串口、中断继续工作[8]。掉电保护方式下，RAM 内容被保存，振荡器被冻结，单片机一切工作停止，直到下一个中断或硬件复位为止[9]。

### 2.2.3.2　单片机的内部结构

单片机的内部结构如图 4 所示。

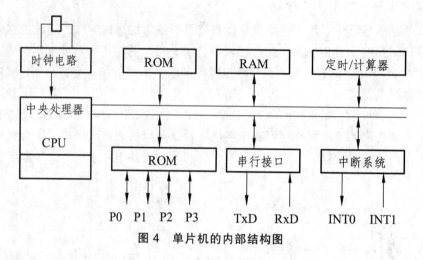

**图 4　单片机的内部结构图**

## 2.2.4　温湿度传感器 DHT11

### 2.2.4.1　DHT11 与 MCU 连接

DHT11 数字温湿度传感器第 2 脚 DATA 引脚连接 AT89S52 的 P2.0 脚，用于与单片机之间的通信和同步，当连接线长度短于 20 米时用 5 k 上拉电阻。

### 2.2.4.2　DHT11 与 MCU 的数据交换

DHT11 的 DATA 引脚用于微处理器与 DHT11 之间的通信和同步，采用单总线数据格式，一次通信时间 4 ms 左右，一次完整的数据传输为 40 bit，高位先出。

格式：8 bit 湿度整数数据+8 bit 湿度小数数据+8 bi 温度整数数据+8 bit 温度小数数据+8 bit 校验

数据传送正确时校验和数据等于：8 bit 湿度整数数据+8 bit 湿度小数数据+8bi 温度整数数据+8 bit 温度小数数据所得结果的末 8 位。

总线空闲状态为高电平，主机把总线拉低等待 DHT11 响应，主机把总线拉低必须大于18 ms，保证 DHT11 能检测到起始信号，开始信号后，DHT11 从低功耗模式转换到高速模式，等待主机开始信号结束后，延时等待 20～40 μs，DHT11 发送响应信号，主机读取 DHT11 的响应信号后发送开始信号，并触发一次信号采集，总线为低电平，说明 DHT11 发送响应信号，DHT11 发送响应信号后，再把总线拉高 80 μs，准备发送数据，每 1 bit 数据都以 50 μs低电平时隙开始，高电平的长短定了数据位是 0 还是 1，当最后 1 bit 数据传送完毕后，DHT11拉低总线 50 μs，随后总线由上拉电阻拉高进入空闲状态。

DHT11 送出 40 bit 的数据，可选择读取部分数据。在高速模式下，DHT11 接收到开始信号触发一次温湿度采集，如果没有接收到主机发送开始信号，DHT11 不会主动进行温湿度采集。采集数据后转换到低速模式。

## 2.2.5 键盘模块

键盘共设计 4 个键："设置"、"返回"、"上调"、"下调"；K0 键为"设置"键，与 AT89S52 的 INT1 相连，当按下"设置"键时产生低电平，产生中断，进入中断子程序，设置湿度报警值；K1 键为上调键，与单片机的 P3.0 相连，按下时产生低电平，主机检测到有效的低电平后，报警值加 1；K2 键为下调键，与单片机的 P3.1 相连。与 K1 不同的是，当主机检测到有效的低电平时，报警值减 1；K3 键为返回键，当按下时，保存设置值，退出中断。各按键信息如表 1 所示。

表 1 键盘设计

| 键号 | 名称 | 引脚 | 功能 |
|------|------|------|------|
| K0 | 设置 | P3.3 | 设置湿度报警值 |
| K1 | 增加 | P3.0 | 设置湿度报警值增 |
| K2 | 减少 | P3.1 | 设置湿度报警值减 |
| K3 | 返回 | P3.7 | 完成设置，返回 |

## 2.2.6 LCD 显示模块

使用 TC1602 显示，P0 作为数据线与 LCD 的数据（D0~D7）线相连，P2.5，P2.6，P2.7 分别与 LCD 的 rs，rw，en 控制线相连，其中，RS 为寄存器选择，RW 为读写信号线，EN 为使能端。第 7~14 脚：D0~D7 为 8 位双向数据线。第 15 脚 A 和第 16 脚 K 分别为背光电源正极、负极；1602 引脚排列及功能见表 2。

表 2 1602 各引脚及功能

| 编号 | 符号 | 引脚说明 | 编号 | 符号 | 引脚说明 |
|------|------|----------|------|------|----------|
| 1 | VSS | 电源地 | 9 | D2 | 数据 |
| 2 | VDD | 电源正极 | 10 | D3 | 数据 |
| 3 | VL | 液晶显示偏压 | 11 | D4 | 数据 |
| 4 | RS | 数据/命令选择 | 12 | D5 | 数据 |
| 5 | R/W | 读/写选择 | 13 | D6 | 数据 |
| 6 | E | 使能信号 | 14 | D7 | 数据 |
| 7 | D0 | 数据 | 15 | BLA | 背光源正极 |
| 8 | D1 | 数据 | 16 | BLK | 背光源负极 |

程序运行时初始化 LCD，显示作者姓名和学号；初始化结束后显示当前环境温湿度，设置报警值时显示"Current R"（当前湿度 R：）；烟雾报警时显示"Smong!"；湿度报警时显示"Waring!"等不同的提示。

### 2.2.7 烟雾报警模块

#### 2.2.7.1 风 扇

采用直流小风扇，当有烟雾时，P2.1 脚输出低电平，经过一个非门后变为高电平，三极管导通，风扇转动吹走烟雾。

#### 2.2.7.2 音乐报警

烟雾报警采用音乐芯片 TQ9561，该芯片有 4 种报警音乐，接法为火警声。当执行烟雾报警程序时，P2.4 脚输出低电平，VT2 导通，扬声器发出火警声报警。

### 2.2.8 湿度报警模块

#### 2.2.8.1 蜂鸣器

当当前湿度大于等于设置湿度时，P2.2 脚输出高电平，VT 导通，蜂鸣器报警。

#### 2.2.8.2 LED 发光

湿度报警时 P2.3 输出低电平，LED 发光。

# 3 系统软件设计

## 3.1 主程序模块

系统运行时，首先初始化 LCD，显示作者姓名和学号约 1 秒，主机发送开始信号，DHT11 从低功耗转为高速模式，完成一次数据采集，DHT11 数据经单片机处理后，送 LCD 显示，若当前湿度大于报警值，则蜂鸣器报警，按下确定键，解除报警；若达不到报警值，则继续采集温湿度显示，软件流程如图 5 所示。

## 3.2 湿度报警值设置

当按下设置键时，产生低电平，按键与单片机的外部中断相连，低电平使单片机产生中断，进入报警值设置，LCD 显示当前报警值，按调整键调整报警值，按确定键存入报警值，结束中断。流程图如图 6 所示。

## 3.3 烟雾报警

当环境中有烟雾时，烟雾传感器 TTL 输出低电平，系统进入烟雾报警中断，LCD 显示报警信息，报警电路声光报警，风扇启动驱散烟雾，按下确定键解除报警。如图 7 所示。

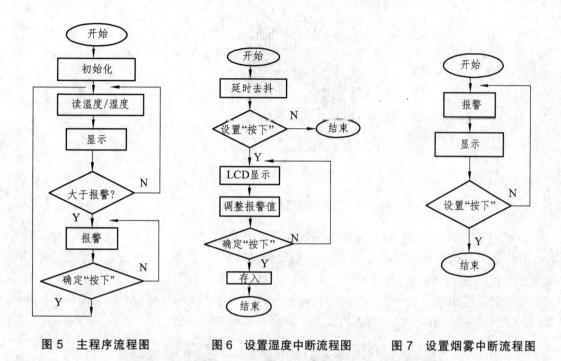

图 5　主程序流程图　　　　图 6　设置湿度中断流程图　　　　图 7　设置烟雾中断流程图

## 4　实　验

湿度传感器实验分析：给系统设定阈值，然后放到密闭容器中，增加容器环境的湿度，开始检测，直到蜂鸣器报警，通过测量收集数据，处理后得到湿度传感器的输入信号与蜂鸣器报警信号之间的特性曲线，如图 8 所示。

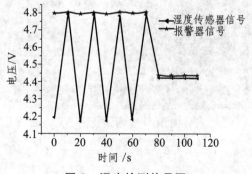

图 8　湿度检测信号图

烟雾传感器实验分析：将系统放置在容器中，向容器中慢慢注入烟雾，直到音乐芯片报警为止，收集数据处理后得到烟雾传感器的输入信号与报警信号之间的特性曲线，如图 9 所示。

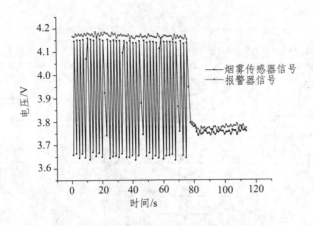

图 9　烟雾检测信号图

系统误差分析：通过所做的系统探测到当前的湿度为 45%RH，温度为 30 ℃，而实际的湿度计探测到的当前环境湿度为 48%RH，温度为 28～29 ℃。如图 10 所示。湿度传感器的湿度误差范围为 ± 5%RH，温度 ± 2 ℃。

该设计系统实现了对环境温湿度的精确控制，达到了相应的效果，系统电路简单、集成度高、工作稳定、调试方便、检测精度高，具有一定的实用价值。

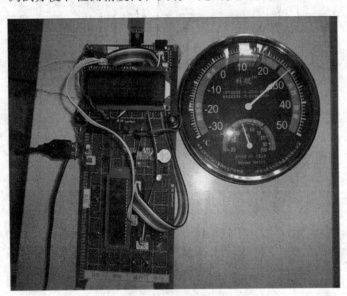

图 10　实物对比图

# 5　结　论

系统基本达到了设计要求，可以实现烟雾报警、检测环境湿度，设置报警湿度阈值、湿度报警等功能。在设计中，主要是以 89C51 单片机为核心的，对湿度和烟雾的检测进行了简单的设计与阐述。对 89S52 单片机系统对湿度和烟雾检测控制原理与结构进行了论述。本次设计可以说是软硬结合，又以硬件为主，软件程序为辅。给出了检测系统与控制系统的各部分电路以及相对应的程序。采用模块化、层次化设计。用新型的智能集成温度传感器 DHT11 主要实现对湿度的检测和 MQ-2 烟雾传感器对烟雾的检测，将湿度信号和烟雾信号通过传感器进行信号的采集并转换成数字信号，再运用单片机 AT89S52 进行数据的分析和处理，为显示和报警电路提供信号，实现对湿度的控制报警。实验证明该设计系统实现了对环境温湿度精确控制，达到了相应的效果，系统电路简单、集成度高、工作稳定、调试方便、检测精度高，具有一定的实用价值。

## 【参考文献】

[ 1 ]  陈连生. 可燃烟雾探测器及其设置安装要领[J]. 石油工程建设，1996(1): 23-25.

[ 2 ]  彭军. 传感器与检测技术[M]. 西安：西安电子科技大学出版社，2003: 263-315

[ 3 ]  李永生，杨莉玲. 半导体气敏元件的选择性研究[J]. 传感器技术，2002(3): 1-3

[ 4 ]  谢望. 烟雾传感器技术的现状和发展趋势[J]. 仪器仪表用户，2006, 13(5): 1-2

[ 5 ]  何衍庆. 控制系统分析设计和应用[M]. 北京：化学工业出版社，2003.

[ 6 ]  于冶会. 对调整仪表用蜂鸣器振动规范的探讨[J]. 传感器世界，2000(1): 35-38.

[ 7 ]  魏东. Keil C51 总线外设操作问题的深入分析[J]. 单片机与嵌入式系统应用，2006(2): 78-79.

[ 8 ]  曹珍贯. 在单片机中用插值法实现线性化器[J]. 工矿自动化，2005(6): 44-45.

[ 9 ]  王勇，冷剑青，徐健健. 基于单片机的室内一氧化碳安全监控系统设计[J]. 工业仪表与自动化装置，2001(4): 19-22.

# Combined Applied Technology of Minimum Phase Shifting for Integrated Operational Amplifier

Wang Xinchun[1]   Hong Ming[2]   Zhao Dongfeng[2]

1 *Department of Physical and Electronics Chuxiong Normal University, Chuxiong, China*
2 *Department of Communication Engineering Yunnan University, Kunming, China*

**Abstract**   This paper points out the limitations of traditional methods since the analysis of how to reduce the phase shifting of integrated Op-Amps. Then, the paper introduces a thought of the reasonable combination of matching dual and triple Op-Amps with a single IC, forms a method of minimum phase shifting of an active feedback frequency, and discusses the combined applied technology of minimum phase shifting for the integrated OP-Amps, which involves electric circuit design, mathematical deduction, comparison and calculation of actual parameters. The technology extends the bandwidth greatly and effectively given phase error. It is very important to electric circuits and systems which have a critical requirement for phase shifting error.

**Keywords**   active feedback frequency compensation; matching Op-Amp; combination; minimum phase shifting; extended bandwidth

## 1   Introduction

In some analog signal processing circuits, we require to have a very small phase shifting error when they work in wide enough frequency-domain (phase shifting or phase linearity). Therefore, the development and application of the op-amp integrated minimum phase shifting frequency compensation technology have extremely realistic significance for the circuits and systems which have a critical requirement for phase shifting error.

## 2   The traditional methods of reducing the minimum phase shifting error

The vast majority of integrated operational amplifiers contain a single-stage open-loop voltage gain function [1, 2].

$$A_{vd}(s) = \frac{A_{vd}}{1+\dfrac{s}{\omega_{P1}}} = \frac{A_{vd}}{1+\left(\dfrac{s}{\omega_G}\right)A_{vd}} \approx \frac{\omega_G}{s} \qquad (1)$$

In (1), $A_{vd}$ is the differential-mode voltage gain under the low frequency or DC, $\omega_{P1}$ is the pole angle frequency as the amplitude-frequency characteristic transition angular requency illustrated in Figure 1, and $\omega_G$ is unity gain angular frequency. Therefore, $\omega_G \approx A_{vd}\omega_{P1}$.

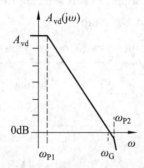

Figgnre 1.   Amplitude-frequency characteristic of single-pole integrated operational amplifier

When the op amp is connected as the closed-loop negative feedback system shown in Figure 2, if $B$ is independent of frequency, Closed-loop voltage gain function[3] of the system is

$$A_{vf}(s) = \frac{V_o(s)}{V_i(s)} \approx \frac{1}{B+\dfrac{s}{\omega_G}} \qquad (2)$$

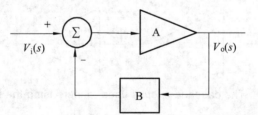

Figure 2.   The negative feedback network connected with operational amplifiers

Let $s = j\omega$, Sine gain function $A_{vf}(j\omega)$ satisfies

$$A_{vf}(j\omega) \approx \frac{1}{B\sqrt{1+\left(\dfrac{\omega}{B\omega_G}\right)^2}} e^{j\varphi(\omega)} \qquad (3)$$

$$\varphi(\omega) = -\arctan\frac{\omega}{B\omega_G} \qquad (4)$$

In (4), when $\omega \ll B\omega_G$, Phase shifting error $\varphi(\omega)$ satisfies

$$\varphi(\omega) \approx \frac{-\omega}{B\omega_G} \qquad (5)$$

When fixing the phase error is $0.1°$, upper limit of angular frequency of the closed-loop system $\omega_H(-0.1°) = 2\pi f_H(-0.1°) \leqslant \tan(-0.1°)B\omega$, so

$$f_H(-0.1°) = 1.75 \times 10^{-3} B f_G \qquad (6)$$

Under requirements of the less phase error for the closed-loop system, there are two traditional circuit design methods in order to keep working frequency domain wide enough.

### A. Choose wideband integrated Op-Amp

Table 1.   Comparison of operating frequency and the corresponding phase error[4]

| Model of Op-Amp | Working frequency range | Phase shifting error |
|---|---|---|
| AD811 | DC ~ 3.58 MHz | −0.01° |
| AD844 | DC ~ 4.4 MHz | −0.15° |
| AD9617orAD9618 | DC ~ 75 MHz | −0.5° |
| AD 9630($BW = 650$ MHz) | DC ~ 150 MHz | −0.7° |
| AD 9620($BW = 750$ MHz) | DC ~ 150 MHz | −1.4° |

### B. Choose the way of two cascade amplifiers as shown in Figure 3

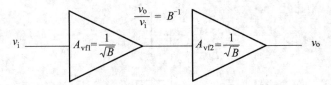

Figure 3.   The cascade circuits used to increasing the bandwidth

$\sqrt{B}$  is the feedback coefficient and the single Op-Amp closed-loop voltage gain is

$$A_{vf1}(s) = A_{vf2}(s) = \frac{A_{vd}(s)}{1+\sqrt{B}A_{vd}(s)} \qquad (7)$$

Two cascade amplifier gain function is $A_{vf}(s)$.

$$A_{vf}(s) = \frac{1}{B}\left[\frac{1}{1+\dfrac{s}{\sqrt{B}\omega_G}}\right]^2 \qquad (8)$$

When the work frequency domain satisfies $\omega \ll \sqrt{B}\omega_G$, phase shifting error $\varphi(\omega)$ can be got from (8) and it is

$$\varphi(\omega) \approx -\frac{2}{\sqrt{B}} \cdot \frac{\omega}{\omega_G} \qquad (9)$$

When fixing the shifting phase error $0.1°$, from (9),

$$f_H(-0.1°) \approx 8.75 \times 10^{-4} \sqrt{B} f_G \qquad (10)$$

# 3  The minimum phase shifting application technology of active feedback frequency compensation constituted by matching dual Op-Amps

Now, many applied monolithic integrated dual Op-Amps which are made by the same process flow and plated in the same silicon chip. They have the same electric performance parameters including the perfect matching frequency characteristic. For instance, $OP-227(f_G = 8\,\text{MHz})$, $OP213$, $OP275$, $OP279$, $OP285$ and $OP295$, and as well. [5]

The minimum phase shifting frequency compensation applied circuit composed of monolithic integrated matching dual op-amp is shown in Fig 4. If the two op-amps have the perfect matching frequency characteristics and gain bandwidth $(G \cdot BW)$, and Open-loop voltage gain function $A_{vd}(s) \approx \dfrac{\omega_G}{s}$ and the other parameters are ideal, under DC or low frequency.

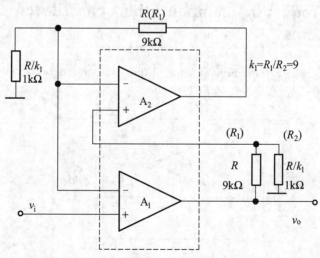

Figure 4.   The minimum phase-shifting combinational circuits of monolithic matched dual Op-Amp

$$\frac{v_2}{1+k_1} = \frac{v_o}{1+k_1} = v_I \qquad (11)$$

From (11), under DC or low frequency the closed-loop voltage gain $A_{vf}$ satisfies

$$A_{vf} = (1+k_1) = \frac{1}{B} \qquad (12)$$

According to the complex frequency domain relationship between circuits, we have

$$\left[\frac{V_o(s)}{1+k_1} - \frac{V_2(s)}{1+k_1}\right] A_{vd}(s) = V_2(s)$$

$$\left[V_i(s) - \frac{V_2(s)}{1+k_1}\right] A_{vd}(s) = V_o(s)$$

So closed-loop voltage gain function $A_{vf}(s)$

$$A_{vf}(s) = \frac{\omega_G}{B^2}\left(\frac{s + B\omega_G}{\dfrac{s^2}{B^2} + s\dfrac{\omega_G}{B} + \omega_G^2}\right) \tag{13}$$

When $s = j\omega$, from (13), we have the phase shifting error

$$\varphi(\omega) \approx -\left(\frac{\omega}{B\omega_G}\right)^3 \tag{14}$$

When fixing the phase shifting error $0.1°$, from (14) we obtain

$$f_H(-0.1°) \approx 1.21 \times 10^{-1} Bf_G \tag{15}$$

# 4  The minimum phase shifting application technology of active feedback frequency compensation constituted by matching triple Op-Amps

Now there are many commercial monolithic integrated excellent matching tetrad op-amp, $OP-470$, $LP470$, $TLC274$, $\mu PC844$ etc. [5]

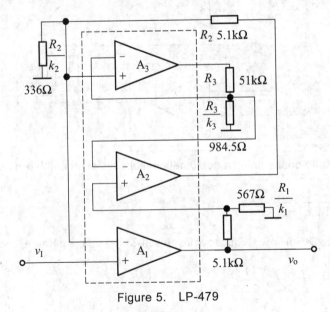

Figure 5.  LP-479

The minimum phase shifting frequency compensation applied circuit constituted by monolithic integrated matching op-amp is shown in Figure 5. it undertakes frequency compensation for $A_1$, connecting $A_2$ and $A_3$ to the feedback network at the position $A_1$. If $A_1 \sim A_3$ have the same frequency characteristic and poles, we use $A_{vd}(s) \approx \dfrac{\omega_G}{s}$ to denote their open-loop gain function, and $A_1 \sim A_3$ have the ideal parameters. We can get the equations from Figure 5 and open-loop gain function.

$$A_{vf}(s) = \frac{(1+k_1)\left[1 + s\dfrac{1+k_2}{\omega_G} + s^2\left(\dfrac{1+k_1}{\omega_G}\right)^2\right]}{1 + \dfrac{(1+k_2)}{\omega_G} + s^2\dfrac{(1+k_1)(1+k_2)}{\omega_G^2} + s^3\left[\dfrac{1+k_1}{\omega_G}\right]^3} \tag{16}$$

Let $s = j\omega$, from (16) we can obtain closed-loop voltage gain sine steady function

$$A_{vf}(j\omega) = (1+k_1)\left\{1 + \left(\dfrac{\omega}{\omega_G}\right)^2\left[\begin{array}{l}(1+k_2)^2 - (1+k_1)(1+\\ k_2) - (1+k_1)^2\end{array}\right] + \right.$$

$$j\left(\dfrac{\omega}{\omega_G}\right)^3\left[(1+k_1)^3 + (1+k_1)^2(1+k_2) - (1+k_1)(1+k_2)^2 - \dfrac{\left(\dfrac{\omega}{\omega_G}\right)^2(1+k_1)^5}{\left\{1 - \left(\dfrac{\omega}{\omega_G}\right)^2[2(1+k_1)(1+k_2) - (1+}\right.$$

$$\left. k_2)^2] + \left(\dfrac{\omega}{\omega_G}\right)^4\left[(1+k_1)^2(1+k_2)^2 - 2(1+k_2)(1+k_1)^3\right] + \left(\dfrac{\omega}{\omega_G}\right)^6(1+k_1)^6\right\} \tag{17}$$

If the coefficients $k_1$, $k_2$, $k_3$ satisfy $k_2 = 1.618k_1 + 0.618$, $k_3 = 0.618k_1 - 0.382$, (17) can be simplified as

$$A_{vf}(j\omega) = \frac{(1+k_1)\left[1 - j\left(\dfrac{\omega}{\omega_G}\right)^5(1+k_1)^5\right]}{1 - 0.618\left[\dfrac{\omega}{\omega_G}\cdot(1+k_1)\right]^2 - 0.618\left[\dfrac{\omega(1+k_1)}{\omega_G}\right]^4 + \left[\dfrac{\omega(1+k_1)}{\omega_G}\right]^6} \tag{18}$$

From (18), we can conclude circuit phase shifting error

$$\varphi(\omega) \approx -\left[\dfrac{\omega}{\omega_G}(1+k_1)\right]^5 \tag{19}$$

Fixing phase shifting error as $0.1°$ from (19) we have $f_H(-0.1°) = \sqrt[5]{1.75\times10^{-3}}\, f_G/(1+k_1)$, namely

$$f_{\mathrm{H}}(-0.1^\circ) = 3.50 \times 10^{-1} B f_{\mathrm{G}} \qquad (20)$$

# 5 Analysis and conclusion

### A. The limitations of traditional methods in decreasing the phase shifting error

From the parameters of Figure 1, phase shifting error will increase if we select wideband frequency Op-Amps. So the contradiction between bandwidth and phase shifting error can not be effectively solved.

Known $\dfrac{1}{B}$, $f_{\mathrm{G}}$ and given the phase shifting error $(0.1^\circ)$, from (6), (10), (15) and (20)

calculation can be got from Table 2. Compared with single op-amp closed-loop circuit shown by (2)

referring the values of $741$, $OP-27$ and $f_{\mathrm{H}}(-0.1^\circ)$ in Table 2 two cascade closed-loop system

in Fun (7) have a little increase of working bandwidth given the same phase shifting error, moreover, the disorder, shifting and noise (result from downfall of the first cascade gain) will affect on themselves. Therefore the practical value of the cascade has little.

### B. The least phase shifting error constituted by active feedback frequency compensation with matching two Op-Amp can effectively extend the working bandwidth

Compared with (6) and (7) referring the value of $f_{\mathrm{H}}(-0.1^\circ)$ in Figure 2 we conclude that

using the dual Op-Amp combined method in Figure 4 can effectively reduce the phase shifting error. Namely, given the phase shifting error we can extend the bandwidth to two orders of magnitude.

Table 2. The comparison of the frequency ranges among the different combinational circuits under the 0.1° phase-shifting

| Combined project of the circuit | Type of Op-Amp | $\dfrac{1}{B}$ | $f_G$ /MHz | $f_{\mathrm{H}}(-0.1^\circ)$ |
|---|---|---|---|---|
| Project of single | 741 | 10 | 1 | $1.75 \times 10^2$ |
| Op-Amp closed-loop | $OP-27$ | 10 | 8 | $1.40 \times 10^3$ |
| Project of dual Op-Amp | 741 | 10 | 1 | $2.76 \times 10^2$ |
| closed-loop cascade | $OP-27$ | 10 | 8 | $2.20 \times 10^3$ |
| Project of matching dual Op-Amp | $OP-227$ | 10 | 8 | $9.68 \times 10^4$ |
| Project of matching triple Op-Amp | $OP-470$ | 10 | 5 | $1.75 \times 10^5$ |

**C. The least phase shifting method constituted by active feedback frequency compensation with matching triple Op-Amp can effectively extend working frequency range**

Compared with (6) and (20) referring the value of $f_H(-0.1°)$ in Table Ⅱ combined method using matching triple Op-Amp can remarkably reduce the phase shifting error and extend the bandwidth to 3 orders of magnitude given the phase shifting error.

**D. By analysis and deduction there are the phase shifting errors obtained from four kinds of circuit design projects and the bandwidth formula given $0.1°$ phase shifting error**

From Table 3 we can effectively extend bandwidth and keep the phase shifting error relatively little by using combined method of matching dual op-amp or matching triple op-amp.

Table 3. Phase-error and bandwidth calculation formula of four kinds of design schemes

| Design project | $\varphi(\omega)$ | $f_H(-0.1°)$ |
|---|---|---|
| Project of single Op-Amp closed-loop | $-\dfrac{\omega}{B\omega_G}$ | $1.75\times10^{-3}Bf_G$ |
| Project of dual Op-Amp closed-loop cascade | $-\dfrac{2}{\sqrt{B}}\cdot\dfrac{\omega}{\omega_G}$ | $8.75\times10^{-4}\sqrt{B}f_G$ |
| Project of matching dual Op-Amp minimum phase shifting | $-\left(\dfrac{\omega}{B\omega_G}\right)^3$ | $1.21\times10^{-1}Bf_G$ |
| Project of matching triple Op-Amp minimum phase shifting | $-\left(\dfrac{\omega}{B\omega_G}\right)^5$ | $3.50\times10^{-1}Bf_G$ |

**E. From the latter 3 projects we can get the normalized curve by computer simulation illustrated in Figure 6**

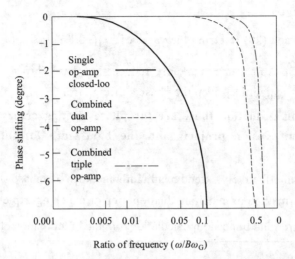

Figure 6. Normalized curve of phase-frequency characteristics of three kinds of circuits

Reviewing Figure 6 the project of matching triple op-amp has the largest bandwidth whereas the project combined with matching dual and triple op-amp has much larger bandwidth than single op-amp closed-loop circuit. It just proves the calculation resulting from Table I and Table 2. Furthermore the minimum phase shifting frequency compensation applied technology combined by dual and triple op-amp can effectively reduce phase shifting error and extend the bandwidth remarkably.

**F. Most of the high-performance combination amplifiers that we have talked about in Figure 4 and 5 can not be realized by the current monolithic integrated process, furthermore they are the circuits taking on many special functions and are widely applied in high and new technology fields. Combined amplifiers result from not only new circuit design and conception but also new analog electronic applied technology**

# References

[ 1 ] Xie Jiakui. Electronic circuit fundamental[J]. Beijing: Higher education press, 1999, 4( 9 ): 285.

[ 2 ] David A. Johns, Ken A. Martin, Wang Huakui. Electronic circuit design[M]. Publishing house of electronics industry, 2004: 323.

[ 3 ] David Comer, Donald Comer, Zeng chaoyang. Analog integrated circuit design[M]. Beijing: Mechanical industry press, 2005: 163.

[ 4 ] Zhang Fengyan. Electronic circuit fundamental[M]. Beijing:Higher education press, 1995:404.

[ 5 ] Song Jing, Yan Bang. 100 examples of application skills of OP[M]. Beijing: Science press, 2006: 202-203.

# Performance Analysis of Gated Polling System based on Asymmetric Two–queue Threshold Services*

Wang Xinchun   Cheng Man.   Liu Yuming   Yue Kaihua

*Department of Physical and Electronics, Chuxiong Normal University.*
*Chuxiong Normal University 461 South Lucheng Road, Chuxiong, Yunnan, China*
*email: wxch@cxtc.edu.cn, chengm@cxtc.edu.cn, liuyum@cxtc.edu.cnc, ykh@cxtc.edu.cn*

**Abstract**   As for research difficulty on asymmetric polling system is too great, it is general that people usually treat analysis and discussion of performance of the asymmetric two polling system as the starting-point so as to laid solid foundation for the research of asymmetric multi queues gated polling system. It is generally believed that queue service system based on periodic inquiry has many applications in communication system and computer network. As for queue service system based on periodic inquiry, the number of information group, service time for information group and shifting time at any time are variable. So, it is quite difficult to analyze related performance. In the study of asymmetric polling system Ref 1 ~ 6 give some precise resolution, however, as there exist some problems in analysis method the obtained results are partial under certain qualifying conditions. On the basis of Ref 7 ~ 9 the paper adopts the method of embedded Markov chains and probability generating function to resolve discrete-time and polling asymmetric double gated service system, deduce one-order and two-order characteristics of the system, calculates the average waiting delay of the system. The paper draws some useful conclusions by comparing simulation results on the basis of the running mechanism and theoretical calculations.

**Keywords**   asymmetric; two-queue; gated polling system; two-order characteristics; average waiting delay

## 1   Mathematics model of the system

### 1.1   Structure model of the system

Cyclic polling asymmetric and two-queue gated service system accepts services according the way of FIFO for information groups belonging to the same queue. Both Terminal 1 and Terminal 2

---

* Funded Project: The Science Study Foundation of   Department of Education of Yunnan Provincial in China under Grant NO. 211Y040.

work in the means of gated service. In Queue 1, when the service for the former gated information group is expired and new-coming information during the course of the service will be serviced at the next period and switch to the Queue 2 after one conversion period. Queue 2 finishes the service of current gated information group, then, the system switches to Queue 1 and performs the next round service after a shifting time. The system structure model is illustrated in Figure 1.

For any queue, information groups arrived at any unit time is independent identically distributed. Distribution probability general function, mean and variance of information group in the queue are $A_i(z_i)$, $\lambda_i = A_i'(1)$, $\sigma_{\lambda_i}^2 = A_i''(1) + \lambda_i - \lambda_i^2$ respectively. In the same way, the probability function of the shifting time, mean and variance are $B_k(z_k)$, $\beta_k = B_k'(1)$, $\sigma_{\beta_k}^2 = B_k''(1) + \beta_k - \beta_k^2$ respectively, where $i, j$ $k=1$, 2. As long as the buffer storage capacity is large enough for each queue, there will not exists the loss of group information. Each customer in the queue is served by the rule of First-come, First-serve.

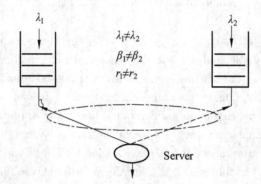

Figure 1. system structure model of gated polling system of asymmetric two queues

For the convenience of analysis, the paper defines stochastic variable $u_i(n)$ as the shifting time that waiter shifts from Queue $i$ to Queue $i+1$ at the time $t_n$. $v_i(n)$ is the service time for Queue $i$ at the time $t_n$ by the waiter. $\mu_j(u_i)$ is the number of information groups when the waiter goes into Queue $j$ at the time $u_i$. $\eta_j(v_i)$ is the number of information groups when the waiter goes into Queue $j$ at the time $v_i$. $\xi_i(n)$ is the number of information groups of Queue $i$ at the time of $t_n$, $i = 1,2; j = 1,2$ as for non-symmetrical two queues.

## 1.2  Status equation of the system

For the system of asymmetric two-queue gated service there should be

$$\xi_1(n+1) = 0 + \eta_1(v_1) + \mu_1(u_1) \tag{1}$$

$$\xi_2(n+1) = \xi_2(n) + \eta_2(v_1) + \mu_2(u_1) \tag{2}$$

at the time $t_{n+1}$ when querying gated service queue.

## 1.3 Probability generating function of the system

Probability generating function of the system of asymmetric two-queue gated service is

$$G_{i+1}(z_1, z_2) = \lim_{n \to \infty} E\left[ \prod_{j=1}^{2} z_j^{\xi_j^{(n+1)}} \right] \qquad (3)$$

Combined (1), (2) and (3) the paper obtains probability generating function of the system of asymmetric two-queue gated service is

$$G_1(z_1, z_2) = R_2\left( A_1(z_1) A_2(z_2) \right) G_2\left( z_1, B_2(A_1(z_1) A_2(z_2)) \right) \qquad (4)$$

$$G_2(z_1, z_2) = R_1\left( A_1(z_1) A_2(z_2) \right) G_1\left( B_1(A_1(z_1) A_2(z_2)), z_2 \right) \qquad (5)$$

The $G_1(z_1, z_2)$ in (4) is the probability generating function of the status distribution of the Queue 1.

The $G_2(z_1, z_2)$ in (5) is the probability generating function of the status distribution of the Queue 2.

## 2 Performance of analysis of the system

### 2.1 Resolve one—order characteristics

Define

$$g_i(j) = \lim_{z_1, z_2 \to 1} \frac{\partial G_i(z_1, z_2)}{\partial z_j} \quad i = 1, 2; j = 1, 2 \qquad (6)$$

Solve one-order Partial derivative of (4) and (5) by (6), and obtain the following by reduction.

$$g_1(1) = r_2\lambda_1 + g_2(1) + g_2(2)\beta_2\lambda_1$$

$$g_1(2) = r_2\lambda_2 + g_2(2)\beta_2\lambda_2$$

$$g_2(1) = r_1\lambda_1 + g_1(1)\beta_1\lambda_1$$

$$g_2(2) = r_1\lambda_2 + g_1(2) + g_1(1)\beta_1\lambda_2$$

Resolve (7), (8), (9) and (10) jointly, the paper obtains

$$g_1(2) = \frac{(r_2 - \rho_1 r_2 + \rho_2 r_1)\lambda_2}{1 - \rho_1 - \rho_2}$$

$$g_2(1) = \frac{(r_1 - \rho_2 r_1 + \rho_1 r_2)\lambda_1}{1 - \rho_1 - \rho_2}$$

Average length of queue

$$g_1(1) = \frac{(r_1 + r_2)\lambda_1}{1 - \rho_1 - \rho_2}$$

$$g_2(2) = \frac{(r_1 + r_2)\lambda_2}{1 - \rho_1 - \rho_2}.$$

## 2.2 Resolve two-order characteristics

Define

$$g_i(j,k) = \lim_{z_1,z_2 \to 1} \frac{\partial^2 G_i(z_1,z_2)}{\partial z_j z_k} \quad i = 1,2; j = 1,2; k = 1,2$$

The equation can be obtained by reduction and by resolving (4) and (5) according to (16).

$$g_1(1,1) = \lambda_1^2 R_2^{"}(1) + \left(r_2 + \beta_2 g_2(2)\right) A_1^{"}(1) + \lambda_1^2 g_2(2) B_2^{"}(1) + 2r_2 \lambda_1 g_2(1) +$$

$$2\beta_2 r_2 \lambda_1^2 g_2(2) + g_2(1,1) + 2\beta_2 \lambda_1 g_2(1,2) + \beta_2^2 \lambda_1^2 g_2(2,2) \qquad (17)$$

$$g_2(2,2) = \lambda_2^2 R_1^{"}(1) + \left(r_1 + \beta_1 g_1(1)\right) A_2^{"}(1) + \lambda_2^2 g_1(1) B_1^{"}(1) + 2r_1 \lambda_2 g_1(2) +$$

$$2\beta_1 r_1 \lambda_2^2 g_1(1) + g_1(2,2) + 2\beta_1 \lambda_2 g_1(1,2) + \beta_1^2 \lambda_2^2 g_1(1,1) \qquad (18)$$

$$g_1(1,2) = g_1(2,1) = \lambda_1 \lambda_2 R_2^{"}(1) + \lambda_1 \lambda_2 g_2(2) B_2^{"}(1) + r_2 \lambda_1 \lambda_2 + r_2 \lambda_2 g_2(1) +$$

$$(2r_2 + 1)\rho_2 \lambda_1 g_2(2) + \rho_2 g_2(1,2) + \rho_2 \beta_2 \lambda_1 g_2(2,2) \qquad (19)$$

$$g_2(2,1) = g_2(1,2) = \lambda_1 \lambda_2 R_1^{"}(1) + \lambda_1 \lambda_2 g_1(1) B_1^{"}(1) + r_1 \lambda_1 \lambda_2 + r_1 \lambda_1 g_1(2) +$$

$$(2r_1 + 1)\rho_1 \lambda_2 g_1(1) + \rho_1 g_1(2,1) + \rho_1 \beta_1 \lambda_2 g_1(1,1) \qquad (20)$$

$$g_1(2,2) = \lambda_2^2 R_2^{"}(1) + \left(r_2 + \beta_2 g_2(2)\right) A_2^{"}(1) + \lambda_2^2 B_2^{"}(1) + 2\rho_2 r_2 \lambda_2 g_2(2) + \rho_2^2 g_2(2,2) \qquad (21)$$

$$g_2(1,1) = \lambda_1^2 R_1^{"}(1) + \left(r_1 + \beta_1 g_1(1)\right) A_1^{"}(1) + \lambda_1^2 B_1^{"}(1) + 2\rho_1 r_1 \lambda_1 g_1(1) + \rho_1^2 g_1(1,1) \qquad (22)$$

Resolving (17), (18), (19), (20), (21) and (22) the paper obtains two-order characteristics.

$$g_1(1,1) = \left\{ \lambda_1^2 \left[ (1 + 2\rho_2 - 2\rho_1 \rho_2 - 2\rho_2^3 - 4\rho_1\rho_2^2 + \rho_1^2\rho_2^2 + 2\rho_1\rho_2^4 + 2\rho_1^2\rho_2^3)R_1^{"}(1) + (1 - \right. \right.$$

$$\rho_1^2\rho_2^2)R_2^{"}(1) \right] + \frac{(1 - \rho_1\rho_2)(r_1 + r_2)}{1 - \rho_1 - \rho_2} \left[ (1 - \rho_2^2 - \rho_1\rho_2 - 2\rho_1\rho_2^2 + \rho_1\rho_2^3)A_1^{"}(1) + (1 + \right.$$

$$\left. \rho_1\rho_2)\beta_2^2\lambda_1^2 A_2^{"}(1) \right] + \frac{(r_1 + r_2)\lambda_1^2}{1 - \rho_1 - \rho_2} \left[ (1 + 2\rho_2 - 2\rho_1\rho_2 - 2\rho_2^3 - 4\rho_1\rho_2^2 + \rho_1^2\rho_2^2 + \right.$$

$$2\rho_1\rho_2^4 + 2\rho_1^2\rho_2^3)\lambda_1 B_1^{"}(1) + (1 - \rho_1^2\rho_2^2)\lambda_2 B_2^{"}(1) \right] + \frac{2\lambda_1^2}{1 - \rho_1 - \rho_2} \left\{ \left[ (1 - \rho_2^2 - \rho_1\rho_2 - \right. \right.$$

$$\left. 2\rho_1\rho_2^2 + \rho_1\rho_2^3) \right] \times \left[ \rho_1(1 + 2\rho_2 - \rho_1\rho_2)r_1(r_1 + r_2) + \rho_2 r_1(r_2 - \rho_1 r_2 + \rho_2 r_1) + \right.$$

$$r_2(r_1 - \rho_2 r_1 + \rho_1 r_2) + \rho_2(1 + \rho_1\rho_2)r_2(r_1 + r_2) \right] + \rho_2^2(1 + \rho_1\rho_2)[\rho_1(1 + \rho_1\rho_2) \times$$

$$r_1(r_1 + r_2) + r_1(r_2 - \rho_1 r_2 + \rho_2 r_1) + \rho_1 r_2(r_1 - \rho_2 r_1 + \rho_1 r_2) + \rho_2(1 + 2\rho_1 - \rho_1\rho_2) \times$$

$$\left. r_2(r_1 + r_2) \right] \right\} + \frac{2\rho_2\lambda_1^2}{1 - \rho_1 - \rho_2} \left\{ \left[ (1 - \rho_2^2 - \rho_1\rho_2 - 2\rho_1\rho_2^2 + \rho_1\rho_2^3) \right] \times \left[ (1 - \rho_1 - \rho_2) \times \right. \right.$$

$$(r_1 + \rho_1 r_2) + \rho_1(1 + \rho_2)(r_1 + r_2) \right] + \rho_1\rho_2(1 + \rho_1\rho_2)[(1 - \rho_1 - \rho_2)(r_2 + \rho_2 r_1) +$$

$$\rho_2(1+\rho_1)(r_1+r_2)]\}\Big/\Big[(1-\rho_1^2-\rho_1\rho_2-2\rho_1^2\rho_2+\rho_1^3\rho_2)(1-\rho_2^2-\rho_1\rho_2- \tag{23}$$

$$2\rho_1\rho_2^2+\rho_1\rho_2^3)-\rho_1^2\rho_2^2(1+\rho_1\rho_2)^2\Big]$$

$$g_2(2,2)=\Big\{\lambda_2^2\Big[(1-\rho_1^2\rho_2^2)R_1^{''}(1)+(1+2\rho_1-2\rho_1\rho_2-2\rho_1^3-4\rho_1^2\rho_2+\rho_1^2\rho_2^2+2\rho_1^4\rho_2+$$

$$2\rho_1^3\rho_2^2)R_2^{''}(1)\Big]+\frac{(1-\rho_1\rho_2)(r_1+r_2)}{1-\rho_1-\rho_2}\Big[(1+\rho_1\rho_2)\beta_1^2\lambda_2^2A_1^{''}(1)+(1-\rho_1^2-\rho_1\rho_2-$$

$$2\rho_1^2\rho_2+\rho_1^3\rho_2)A_2^{''}(1)\Big]+\frac{(r_1+r_2)\lambda_2^2}{1-\rho_1-\rho_2}\Big[(1-\rho_1^2\rho_2^2)\lambda_1B_1^{''}(1)+(1+2\rho_1-2\rho_1\rho_2-$$

$$2\rho_1^3-4\rho_1^2\rho_2+\rho_1^2\rho_2^2+2\rho_1^4\rho_2+2\rho_1^3\rho_2^2)\lambda_2B_2^{''}(1)\Big]+\frac{2\lambda_2^2}{1-\rho_1-\rho_2}\Big\{\Big[(1-\rho_1^2-$$

$$\rho_1\rho_2-2\rho_1^2\rho_2+\rho_1^3\rho_2)\Big]\times\Big[\rho_2(1+2\rho_1-\rho_1\rho_2)r_2(r_1+r_2)+\rho_1r_2(r_1-\rho_2r_1+\rho_1r_2)$$

$$+r_1(r_2-\rho_1r_2+\rho_2r_1)+\rho_1(1+\rho_1\rho_2)r_1(r_1+r_2)]+\rho_1^2(1+\rho_1\rho_2)[\rho_2(1+\rho_1\rho_2)\times$$

$$r_2(r_1+r_2)+r_2(r_1-\rho_2r_1+\rho_1r_2)+\rho_2r_1(r_2-\rho_1r_2+\rho_2r_1)+\rho_1(1+2\rho_2-\rho_1\rho_2)\times$$

$$r_1(r_1+r_2)]\}+\frac{2\rho_1\lambda_2^2}{1-\rho_1-\rho_2}\Big\{\Big[(1-\rho_1^2-\rho_1\rho_2-2\rho_1^2\rho_2+\rho_1^3\rho_2)\Big]\times[(1-\rho_1-\rho_2)\times$$

$$(r_2+\rho_2r_1)+\rho_2(1+\rho_1)(r_1+r_2)]+\rho_1\rho_2(1+\rho_1\rho_2)[(1-\rho_1-\rho_2)(r_1+\rho_1r_2)+$$

$$\rho_1(1+\rho_2)(r_1+r_2)]\}\Big\}\Big/[(1-\rho_1^2-\rho_1\rho_2-2\rho_1^2\rho_2+\rho_1^3\rho_2)\times(1-\rho_2^2-\rho_1\rho_2-2\rho_1\rho_2^2+$$

$$\rho_1\rho_2^3)-\rho_1^2\rho_2^2(1+\rho_1\rho_2)^2] \tag{24}$$

## 2.3  Average waiting delay

In the queuing system, average waiting delay for customers is the mean of the waiting time from the moment that the information group entering queue to the moment that the service begins. It can be obtained by referring Reference [7].

$$\overline{W}_{G1}=\frac{(1+\rho_1)g_1(1,1)}{2\lambda_1g_1(1)}-\frac{A_1^{''}(1)}{2\lambda_1^2} \tag{25}$$

$$\overline{W}_{G2}=\frac{(1+\rho_2)g_2(2,2)}{2\lambda_1g_2(2)}-\frac{A_2^{''}(1)}{2\lambda_2^2} \tag{26}$$

# 3  Comparison between simulation and theoretical calculation results

According to the mechanism of the system the paper compares computer simulation with theoretical calculation results. Assume arrival of each queue at any time slot obeys Poisson distribution and simulation and theoretical calculation adopt the same parameters. Set polling number $M=10^6$. When $r_1=r_2=1$, $\lambda_1=0.01$, $\lambda_2=0.04$ simulation and theoretical calculation results of average length of Queue 1 and 2 varying with service rate is illustrated in Figure 2. Set polling number $M=3\times10^6$. When $r_1=r_2=1$, $\beta_1=1$, $\beta_2=3$ simulation and theoretical calculation results of average length of Queue 1 and 2 varying with arrival rate is illustrated in

Figure 3. Set polling number $M = 5 \times 10^7$. When $\beta_1 = \beta_2 = 10$, $\lambda_1 = 0.01$, $\lambda_2 = 0.04$ simulation and theoretical calculation results of average length of Queue 1 and 2 varying with shifting time is illustrated in Figure 4. Assume 2 queues are symmetrical, set polling number $M = 5 \times 10^7$ simulation and theoretical calculation results of average length of Queue 1 and 2 varying with the variation of load is illustrated in Figure 5.

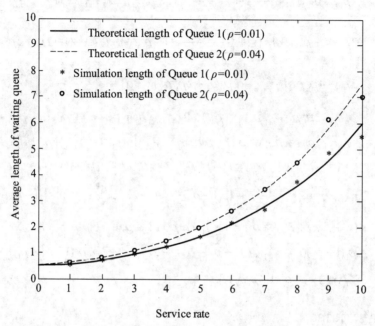

Figure 2. comparison between simulation and theoretical calculation results of average length of Queue 1 and 2 varying with service rate

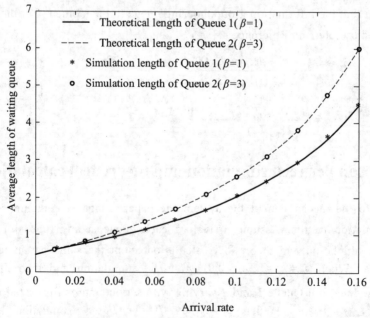

Figure 3. comparison between simulation and theoretical calculation results of average length of Queue 1 and 2 varying with arrival rate

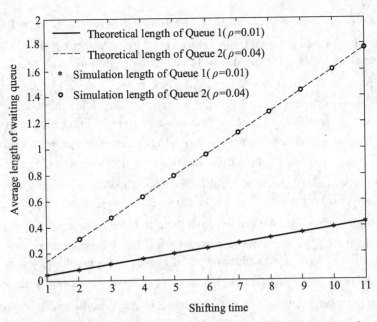

Figure 4.   comparison between simulation and theoretical calculation results of average length of Queue 1 and 2 varying with shifting time

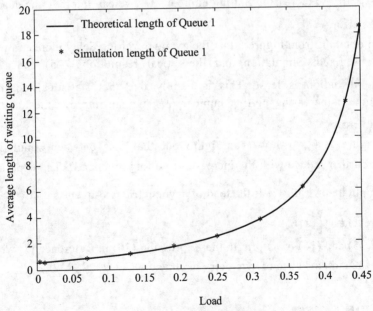

Figure 5.   comparison between simulation and theoretical calculation results of average length of Queue 1 and 2 varying with the variation of load

## 4   Analysis and discussion

We can obtain it from Figure 2 that the average waiting delay increases with the increase of $\beta_i$ when $\lambda_i$ and $\gamma_i$ are fixed. Compare two sets of curves in Figure 2 and you will find that he average waiting delay increases remarkably if $\lambda_i$ is larger. Average waiting delay is larger if $\lambda_i$ is larger and when $\beta_i$ is fixed. Simulation and theoretical resolutions (25) and (26) have good consistency. Although simulation and theoretical resolutions approximately equal, there is a deviation between them. This is mainly due to fewer statistics polling, only $M = 10^6$. If increasing polling number, proving data quality and decreasing deviation.

We can also obtain it from Figure 3 that the average waiting delay increases with the increase of $\lambda_i$ when $\beta_i$ and $\gamma_i$ are fixed. Compare two sets of curves in Figure 3 and you will find that the average waiting delay increases remarkably if $\beta_i$ is larger. Average waiting delay is larger if $\beta_i$ is larger and when $\lambda_i$ is fixed. Simulation and theoretical resolutions (25) and (26) have good consistency. Simulation and theoretical resolutions approximately equal and there is only little deviation between them. This is mainly due that statistical polling number has reached $M = 3 \times 10^6$. If increasing polling number $M$ we can improve the quality of data, and further reduce the error.

We can obtain it from Figure 4 that the average waiting delay increases with the increase of $\gamma_i$ when $\lambda_i$ and $\beta_i$ are fixed. Compare two sets of curves in Figure 4 and you will find that the average waiting delay increases remarkably if $\rho_i$ is larger. Average waiting delay of the ones with heavier load is larger when shifting time is fixed. Experimental results and theoretical expressions (25) and (26) have good consistency. Simulation and theoretical resolutions approximately equal and there is only little deviation between them. This is mainly due that statistical polling number has reached $M = 3 \times 10^6$. If increasing polling number $M$ we can improve the quality of data, and further reduce the error.

We can also obtain it from Figure 5 that the average waiting delay increases with the increase of $\rho_i$ when $\gamma_i$ is fixed. Simulation and theoretical resolutions (25) and (26) have good consistency. The deviation is least. This is mainly due that statistical polling number has reached $M = 5 \times 10^7$. If increasing polling number $M$ we can improve the quality of data, and further reduce the error.

Compare Figure 2, 3, 4, 5 we can figure out that bias between simulation results and theoretical value further reduce with the increase of polling number $M$ .The experiments show the error can be manipulated within 1% if the load of asymmetric two-queue satisfies $\sum_{i=1}^{2} \rho_i \leqslant 0.95$ and polling number reaches $M \geqslant 10^8$.

Expression (25) and (26) transform to the Expression (20) in Reference [7] when the network is running under the circumstance of symmetry parameters and $N = 2$.

# 5　Conclusion

The paper adopts embedded Mamaerkefu chain and probability generation function to resolve discrete-time, non-symmetrical double-threshold service queue system. And the paper analyzes the precise first-order, second-order properties; figures out average length of waiting queue of information group and average waiting delay time. The paper analyzes and discusses the graph in detail based on systems running mechanism and theoretical calculations; and analyzes the cause of the experiment error. Simulation results and derivation of theoretical calculation results have better consistency. The study on asymmetric multi-queue gated polling system lays a solid foundation for analysis and discussion; reinforces cognition of the inherent law of asymmetry gated polling system.

# References

[ 1 ] Ferguson M J, Aminetzah Y J. Exact results for nonsymmetric token ring systems[J]. *IEEE Trans Commun*, 1985;33 (3) : 223-231

[ 2 ] Everitt D. Simple approximations for token rings[J]. *IEEE Trans Commun,* 1986, 34: 719-721.

[ 3 ] Takinc T, Takahashi Y. Exact analysis of asymmetric polling systems with single buffers[J]. *IEEE Trans Commun,* 1988, 36 (10) : 1119-1127.

[ 4 ] Ibe O C, Cheng X. Performance analysis of asymmetric single-buffer polling systems[J]. *Perform Eval,* 1989, 10: 1-14.

[ 5 ] Ibe O C, Cheng X. Approximate analysis of asymmetric single-server token-passing systems[J]. *IEEE Trans Commun.* 1989, 37 (6) : 572-577.

[ 6 ] Mukherjee B, Kwok C K, Lantz A C, Moh W L M. Comments on exact analysis of asymmetric polling systems with single buffers[J]. *IEEE Trans Commun.* 1990, 38(7) : 944-946.

[ 7 ] Zhao Dongfeng, Zhen Sumin. Message Waiting time analysis for a polling system with gated service[J]. *Journal of China of communication*, 1994,15(2): 18-23.

[ 8 ] Zhao Dongfeng. Study on scheduling rules of production flows with two priority control[J]. *Information and Control,* 1998, 27(5): 365-368.

[ 9 ] Yu Ying, Zhao Dongfeng. Performance analysis of exhausting and gated polling system[J]. *Journal of Yunnan Normal Universit*, 2006, 26(4): 22-25.

# 参考文献

[ 1 ]　康华光. 电子技术基础（模拟部分）[M]. 5 版. 北京：高等教育出版社，2006.

[ 2 ]　谢自美. 电子线路设计·实验·测试[M]. 3 版. 武汉：华中科技大学出版社，2006.

[ 3 ]　赵玉玲，等. 电子技术实训[M]. 浙江：浙江大学出版社，2007.

[ 4 ]　蔡声镇，等. 电子技术基础实践[M]. 福州：福建科学技术出版社，2003.

[ 5 ]　侯睿，等. 电子技术实训教程[M]. 西安：西北工业大学出版社，2007.

[ 6 ]　姚福安. 电子电路设计与实践[M]. 济南：山东科学技术出版社，2005.

[ 7 ]　廖先芸，等. 电子技术实践与训练[M]. 北京：高等教育出版社，2000.

[ 8 ]　南寿松，等. 电子实验与电子实践[M]. 北京：中国标准出版社，2004.

[ 9 ]　傅桂荣，等. 电子技术实践教程[M]. 上海：上海交通大学出版社，2007.